普通高等教育园林景观类

『十二五』规划教材

园林景观

设计与表达

主　编　刘　涛

副主编　孙　潇　葛文彬

中国水利水电出版社
www.waterpub.com.cn

内 容 提 要

本教材通过对园林景观设计表达的理论和方法过程的介绍,使学生掌握设计表达和设计工程的相互关系,启发设计思维,培养学生的设计表达意识,并以视觉化的语言说明其设计内容,让学生了解园林景观设计表达的技法和目的。

本教材根据园林设计的不同阶段分为 6 章,包括园林景观设计的基本方法,园林景观设计的原则,园林景观构成的要素,园林景观设计方案表达,种植设计,以及园林景观设计方案手绘表达技巧。

本教材相关教学辅助材料可在 http://www.waterpub.com.cn/softdown 下载。

本教材可供园林、景观、园艺等专业师生使用,也可作为从事园林园艺生产的企业员工培训用书,并可供从事园林园艺技术人员、研究人员和经营管理者参考使用。

图书在版编目(CIP)数据

园林景观设计与表达 / 刘涛主编. -- 北京 : 中国
水利水电出版社, 2013.3(2015.2重印)
普通高等教育园林景观类"十二五"规划教材
ISBN 978-7-5170-0703-6

Ⅰ. ①园… Ⅱ. ①刘… Ⅲ. ①景观—园林设计—高等
学校—教材 Ⅳ. ①TU986.2

中国版本图书馆CIP数据核字(2013)第050461号

书 名	普通高等教育园林景观类"十二五"规划教材 **园林景观设计与表达**	
作 者	主编 刘涛 副主编 孙潇 葛文彬	
出版发行	中国水利水电出版社	
	(北京市海淀区玉渊潭南路 1 号 D 座 100038)	
	网址:www.waterpub.com.cn	
	E-mail: sales@waterpub.com.cn	
	电话:(010)68367658(发行部)	
经 售	北京科水图书销售中心(零售)	
	电话:(010)88383994、63202643、68545874	
	全国各地新华书店和相关出版物销售网点	
排 版	北京时代澄宇科技有限公司	
印 刷	北京嘉恒彩色印刷有限责任公司	
规 格	210mm×285mm 16 开本 11 印张 345 千字	
版 次	2013 年 3 月第 1 版 2015 年 2 月第 2 次印刷	
印 数	3001—6000 册	
定 价	48.00 元	

园林景观设计教育是多学科知识融合交叉的复杂教学体系，教学培养的主要目的，在于引导学生在进行园林景观设计中组织和塑造空间，由于涉及建筑、植物等不同学科，可谓是综合的艺术设计形式之一。在园林景观设计中，设计与表达是非常重要的，也是很有用的，它往往是研究、推敲设计方案和表达自己构思的非常重要的语言，也是展示与交流的主要手段，能帮助设计师迅速捕捉自己的意念和想法，也同样可以将信息快速地临摹下来，并提供了直观形象的最佳选择。

园林景观设计与表达是探讨园林设计的成功之道，也是园林景观设计教学体系中一个承上启下的重要环节，注重强调设计的艺术性和生产性的相互统一。园林景观设计表现应充分认识并理解事物的内在本质，以及视觉分析能力等诸多因素，使园林景观设计尽可能地为社会创造优美的环境，满足人们的物质需求和精神享受，并通过对景观园林设计表达的理论方法过程的了解，使学生掌握设计表达和设计工程的相互关系，启发学生的设计思维，培养设计表达意识，并以视觉化的语言说明其设计内容，了解学习设计表达的技法和目的。因此，笔者不揣浅陋，试以浅显的图文理论与实际兼顾的原则编写此书，全书按照园林设计的不同阶段分为6章：包括园林景观设计的基本方法；园林景观设计的原则；园林景观构成的要素；园林景观设计方案表达；种植设计；以及园林景观设计方案手绘表达技巧。

由于篇幅所限，考虑不周疏漏之处在所难免，唯祈望设计界同仁切磋交流，惠予教正。

本书由东北大学刘涛任主编，东北大学孙潇、辽宁石油化工大学葛文彬任副主编，东北大学张刘鑫、倪锐、杨越茗、樊强强、王冠等，辽宁石油化工大学郜红合，以及沈阳工业大学的范倚宁参加编写，在此表示感谢，本书的编写还得到中国水利水电出版社的大力支持，在此致谢。

编者

2012 年 10 月于东北大学

目录
Contents

第1章 园林景观设计的基本方法

1.1 设计前的调研、分析与评价

园林景观设计是按照委托方要求对园林景观进行的效果设计，它与外部环境有着密切的联系。因此在进行园林设计之前，有两方面的问题需要重点解决：一是设计前对委托方的需求等相关资料进行搜集和调查；二是对园林景观设计场地进行全面、系统地测量和分析。本节主要对第一个问题进行重点说明，对场地的测量与环境技术分析将在1.2节集中阐释。

1.1.1 委托方需求调查和分析

园林景观是按照委托方要求对园林景观进行的效果设计，其设计的核心问题是对于客户需求的研究，在已有条件下按照委托方要求圆满完成设计任务。因此，设计前的调查要考虑以下问题：

1.1.1.1 项目调查和分析

以正常情形而论，确定并深刻理解项目是设计的第一步，也是最重要却常被简单对待的一步。弄清项目是什么意味着一系列的决定：为谁设计？意向如何？什么人来决定？将是什么形式？有多少物力、财力可供使用？期待什么类型的解决方法和风格？在多长的时间内完成？这些内容是整个设计的根本依据，为即将到来的设计全过程定下基调。虽然，随着过程的发展，它们中的一些问题将在某种程度上加以修改，但一般规律是变更的越晚代价越大。因此在开始时就予以重视，花时间深刻理解有关问题是值得的。

界定项目范畴的过程是一个关联多方且循环的过程。委托方决定意向，而意向的能否实现反过来受委托方的自身条件的限制；可能采用的解决方法决定所需要的物力财力，而可用的物力财力又限制可能的解决方法。这种循环发展确定最终的项目说明，萌芽状态下的项目说明常包括最终的设计内容。

设计师能参与项目说明的拟定是最好的，但设计项目往往在设计师请来之前就决定了，在这种情况下，设计师的责任至少要查看项目是否提得详尽、所提项目各部分之间是否一致（是否有充足的物力财力、解决方法是否符合意向等）。设计师如果有机会，有责任阐明既定目标，提出潜在的目标供探讨，揭示新的可能性和未预计的费用，甚至还要为委托方未能想到但有必要提出的问题说话。

当任务书已经下达，项目的主要目标以及预期的用户和要求得到阐明，基地已选定，新的景观设计的主要特征已提出设想，所需预算，包括设计需要的时间和物力、财力都已提供时，设计师一方面着手分析未来的使用功能和使用者，另一方面开始分析既定基地。

1.1.1.2 使用者调查和分析

使用者是指所有以任何方式与景观发生联系的人，包括在其中居住、工作、游玩、过路、维护和管理的人。使用者有时简单，例如为个人设计一座私人花园，使用者可以明确识别，使用者也是出钱的委托方，请他来到现场，阐明他的价值观，情况比较简单明了。有时使用者的身份复杂，使用者是可能具有强有力但却是间接性影响的人，犹如购物者的购买倾向影响着商店的布局一样，在园林景观没有完成之前，游人在设计过程中没有直接的发言权，不会参与使用，没有具体的体验，不会亲临基地现场，但这些无法接触的使用者是真正对未来的设计成果进行评价的人，是设计的主要服务对象。

面对无法接触的使用者或当事人不能到场这种情况，设计师可通过投票或市场调查的方式搜集某些影响和意见，或者求助于先前类似设计的结果。一定要找到一种方法，使使用者从不到场变成可以接触，同时要对设计的某些方面留有余地，在使用者到场之后向他们公开，以便做出决定。有时候，使用者目的并不明确，甚至保持沉默，这时需要设计师给予启发和指导。

分析使用者的第一步是人口统计的分析。首先应了解使用者的个人和群体的背景资料，谁将使用这块基地？哪一阶层人？如何分布？如性别、年龄、喜好、职业、出行方式及出行目的等，必要时，在不涉及个人隐私的前提下，还可以通过问卷了解社会文化背景。根据园林景观的类型，可有区别地对必要问题做重点调查。如庭院景观设计就应该对以下问题详细了解：园主最喜欢的植物是什么？喜欢的种植效果是观叶、切花、四季喜好、春季喜好、夏季喜好、秋季喜好及冬季喜好的哪一种？园主喜欢的硬质景观材料是普通砖、机制砖、大理石、鹅卵石、石头、木材、混凝土及金属的哪一种？业主需求包括停车区、就座区、游戏区、蔬菜区、草药区、果园、室内花卉、花房、垃圾箱存放、工具储存室及堆肥箱的全部还是部分？

对使用者的活动时间、场所也应有所分析。分析从活动开始到结束的时间持续过程。一般需要每天在固定的时段，并持续若干天进行观察。持续的时间越长，得到的结果就越有普遍性。观察的时间不同，得出的结论也有所不同。如一天之中，不同时间段活动的人群和性质不同。清晨多晨练遛鸟者；中午多下棋聊天者；黄昏多散步遛弯者；一年之中各个季节差别往往很大，所谓"春升夏扬秋煞冬藏"，会在大多数人群的活动中有所体现。时间要素也与天气变化密切相关，刮风、飘雨、下霜及起雾都会对活动产生不同的影响。对这些问题要重点考察：一天中哪个时段园林景观的利用率最高？是常年使用还是仅在某一个特定时期使用？在特定时期，有无重大活动举行或众多人群来访？

对活动场所应作全面了解，包括场所本身的组成要素及其周围环境。如场所的面积大小、总体形态、空间组成、人工以及自然组成要素；周围环境中的交通、道路、建筑、水体及植物等自然和社会因素等。应着重了解与活

某别墅庭院

某住宅小区庭院休闲区景观

某住宅小区庭院景观

某住宅小区景观

动密切相关的部分，如园林铺地、建筑小品、绿化、照明及运动器材等各类设施。但是，也不可忽视其他潜在的因素，例如，高楼下的开敞空间多刮骑楼风，夏季是人们纳凉的胜地，冬季却是人们回避的场所。要重点询问：在功能上，现有场地存在什么问题？在视觉上，现有场地存在什么问题？需要保留或增强的优点？

对使用者的活动规律、生活习性应准确把握。使用者活动本身具有不同的类型、方式、内容、进程和结果。可以结合活动群体分析群体人数、组织状态、聚群方式、活动强度、参与程度、设施使用情况、活动进程和结果。儿童、少年和老年人较喜欢群体活动，此类人群相对集中，而且容易引发围观。参与程度可分为主动表演、主动参与、被动参与、主动旁观及被动旁观（如路过时下意识的一瞥或遮挡视线不得不看上一眼）。活动类型和内容较易把握，但应注意潜在的因素和特点，例如，同样是坐在公园长椅上阅读，面对道路者希望接受更多的信息，背对道路者显然不希望被人群打扰。

也要考虑人群的活动习性。人的活动习性是人的生理特性、社会属性、文化属性与特定的物质和社会环境长期、持续和稳定的交互作用的结果。人的某些行为习性是动作者几乎不假思索做出的反应，也有些是后天习得的行为反应。

1. 识途性

人类在行为过程中具有识途性，这是人的心理感受在行为上的表现。当人要到达某一目的地而对必须行走的路线又不清楚时，一般是一路摸索着前往。返回时，通常是习惯于沿着原路返回而很少有另辟蹊径返回的情况发生。这种识途性是人们常有的行为习惯。

2. 抄近路

抄近路习性可说是一种文化现象。只要不存在障碍，人总是倾向选择大致

某住宅小区景观休闲长廊

呈直线的最短路径行进。在某些景观区域中，人们常会看到，草坪中铺设了碎石或各种材质的人行道，但其周围不远处常常有另一条行人踩出来的路线，这说明线路铺设不合理。对于草地上的这类抄近路行为，解决办法一是设置障碍，用围栏、绿篱、假山、墙垣、高差或禁行标志等使抄近路者迂回绕行；二是在设计和营建中尽量符合这一习性，铺设园路加以疏导；三是设计时暂不铺设道路，经过一段时间的使用之后，根据预留空地或人们在草坪上行走的痕迹来铺设道路，避免因路线的铺设不合理而造成财力、物力上的浪费。

3. 靠右（左）侧通行

应考虑不同国家对通行方向的不同规定。在中国是规定右侧通行，在日本和欧洲国家确是左侧通行。当人们对某一区域不大熟悉时，会先沿边界依靠符号或其他标志前进。

4. 左转向

相关研究人员追究人在公园和展览会中的游览轨迹，发现大多数人的转弯方向具有逆时针方向转弯的倾向。这是人的下意识和本能。有实验证明：如果把防火楼梯和通道设计成右转弯，疏散是速度会明显减慢。

5. 依靠性

观察表明，人总是偏爱逗留在柱子、树木、旗杆、墙壁、门廊或建筑小品的周围。观察广场上停留的人群，大部分人都喜欢选择视野良好、较少受到人流干扰，并有所依靠的座位。

从空间角度考察，人偏爱有所凭靠的从一个小空间去观察更大的空间，这样的小空间既具有一定的私密性，又可观察到外部空间中更富有公共性的活动。如果人在占有空间位置时找不到这一类边界较为明确的小空间，那么一般就会寻找柱子、树木等依靠物使之与个人空间相结合，形成一个自身占有和控制的领域。

6. 围观

很多人喜欢看热闹，从而引发围观甚至扎堆。一切反常的事物（如动物、遗失物、特殊广告、危险物品等）、动作（如长时间抬头观望固定目标、低头寻找等）和活动（下棋、施工、高空作业、意外事故等）都可能会引发人群的围观反应。

使用者因年龄、性别、个人经历、生活方式或种族不同外，在环境中扮演的角色不同，其反应也必将不同。这涉及他们是拥有者还是经常使用者、是旅游者还是常驻者，当使用者具有不同的价值观，不同目的的时候，当出钱的委托方与实际使用者的观点不同时，麻烦随之增加，设计师必须找到一种方法以确定和满足各种不同的相互冲突的需求。

面对复杂的使用者，设计师要确定价值的战略分布，哪些人群是设计中应该首先或重点关注的，在可能的情况下兼顾各方利益。设计师有一批名义上的业主，他们付钱要求设计师提供服务，设计必须符合他们的要求；同时要

某广场景观水景

重视那些最常接触园林、使用园林、并与园林发生密切联系的使用者和管理者的意见；还要特别关注盲人、坐轮椅的人、老年人和儿童，对权利之外的人的要求，出于公众道德上考虑也不能忽视。面对如此复杂的情况，设计师可求助于委托者的赞同，在普通公众中寻求广泛的支持，尽可能考虑周全。

1.1.2 景观的功能需求分析

人们对园林景观环境的需求不仅是广泛的，而且还是具体和细致的，会因为使用者的群体层次不同、所处地点不同、参与时间的不同以及目的性的差异等而有所区别或完全改变。然而不论人们对园林景观功能和形式要求呈现了如何更新与变异，只要从园林景观环境中最基本的功能构成要素方面来进行分析，都可以从中归纳和总结出最基本的功能构成要素。一般包括以下五个方面，即使用功能、安全功能、精神（文化）功能、美化功能及综合功能。

1.1.2.1 使用功能

园林景观设施的使用功能，是所有园林景观环境功能构成中的首要方面。园林景观环境中的任何一种设施都是以能够满足人们一定的功能需求或具有一定的目的性而存在的，景观设施首先它自身必须是能够被人所感知的客观存在，同时还可以直接为人提供便利、安全、保护、信息交流等方面的服务，否则将会失去它自身的存在价值。

一个好的景观支持有目的的行为，并与使用者的行为相适应。为了判断这一切，设计师必须了解使用者的主要生活方式，如游园习惯等，最好依赖有系统的行为研究，或让使用者本身进入决策过程。设计师要考虑那些熟悉的行为题材和形式设计，如人的间隔与拥挤感、社会相互影响及其退隐、分离和聚集、风格的空间和边缘、潜藏的和显露的功能等。设计中要考虑来自不同的人群，面对的这些客群是怎样的生活状态，不同年龄客户群所需要的不同景观诉求。他们的心理应该有怎样纯净的生活景观空间，一开始做的定位是要精确。由客户提出自己的想法。种种行为的详细说明及其支持的手段需要经过计划而应用到设计中去。

任何园林景观都会考虑可达性，也就是使用者能够接触他人、公共设施、资源、信息或场所的程度。不同社

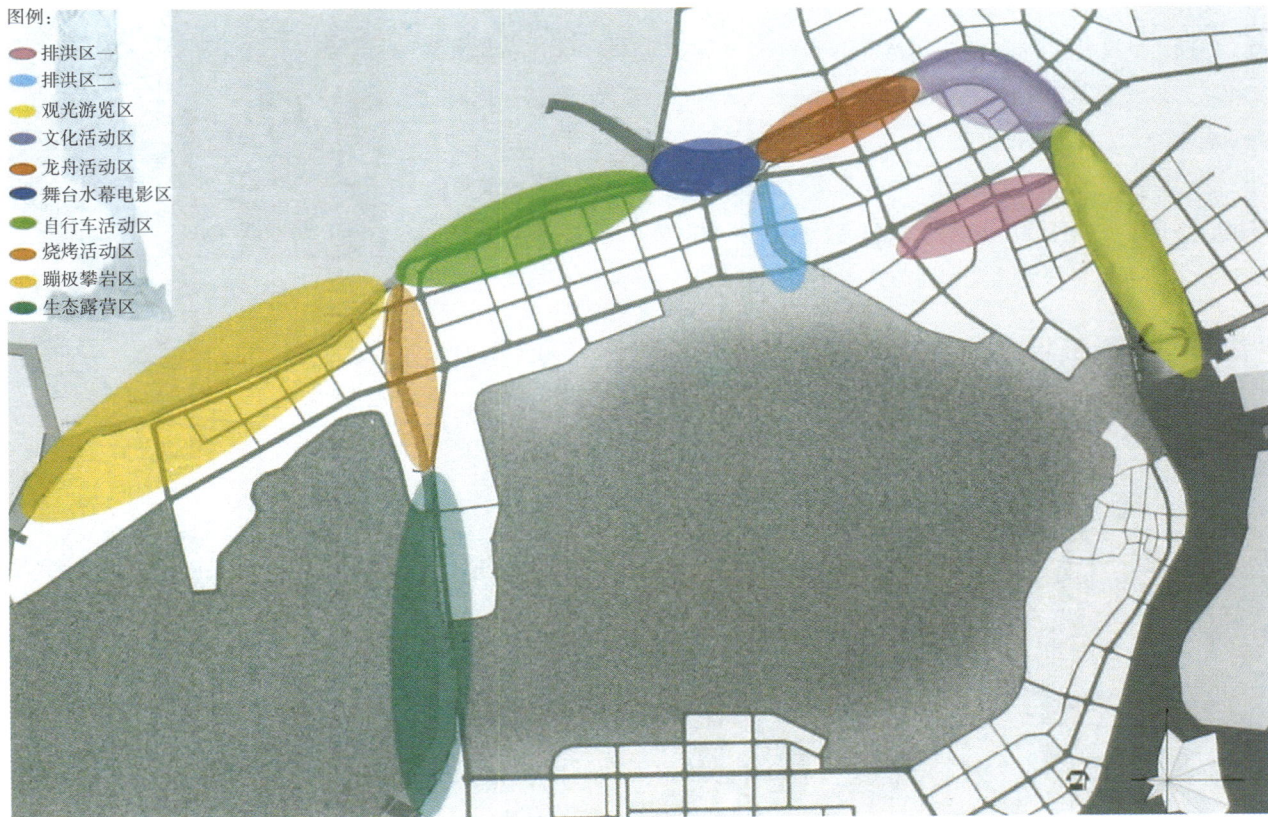

图例：
- 排洪区一
- 排洪区二
- 观光游览区
- 文化活动区
- 龙舟活动区
- 舞台水幕电影区
- 自行车活动区
- 烧烤活动区
- 蹦极攀岩区
- 生态露营区

珠海前山河景观带规划设计

会群体，如老年人、青年人、残疾者及不同社会经济阶层，在涉及可达性方面具有多样性，这些都是社会公正的基本指标。在园林景观设计中，许多要经常考虑的问题与私密性、社会接触、不同活动之间的意向顺序以及对行人交通的各种规定有关，这些都是可达性问题。一个基地可通过公共入口，增加视觉接触及公众活动焦点的方式促进交流；另外，鲜明的边界线、宽广的旷地以及不良的交通连接则倾向于把人们隔离开来。过分的可达性会令人难以忍受。需要了解使用者认为足够的或最适度的可达性，包括使用者最需要到达的是什么。

1.1.2.2 精神功能

　　园林景观设计的最终目的是为了创造一个能够满足人们生理、心理等各方面需求的优良生活游玩环境。因此，设计不但要研究其使用功能，同时还要研究怎样通过景观来创造最佳的环境气氛，能够充分满足人们在视觉、情感、自然及人文等方面的精神功能需求。

　　对使用者进行社会文化背景分析是必要的。所谓社会文化，其内涵及其广泛，包括知识、信仰、宗教、艺术、道德、法律、民俗、地域、习惯以及作为一个社会成员所获得的其他一切社会认知能力。人们对景观的精神需求，其本质上是一种对历史文化、民族文化、地域文化的要求，这种需求程度往往与一个人的文化层次紧密相关，与一个地域和时代的社会文化状态相关，因此园林景观设计要充分考虑民族风格、地域特征、时代精神的要求及文化取向，通过景观实物所包含的信息表现社会文化特征要求，根据人们在某一处所中的情感需求、审美能力、文化水平、地域或民族特征等方面去进行分析和思考，借助景观的造型、色彩、肌理、材料以及空间表达某种特定的精神含义，渲染某种特定氛围，如历史文化感、体现民俗文化、体现自然亲切、趣味性与新鲜感、崇尚信仰等，让人们受到启迪，给使用者带来追忆。

　　设计风格应与委托方所期待的社会文化氛围相吻合。要综合考虑周围的环境，确定整体的色调、理念、风格。要考虑到不同民族、地域、群体文化的差异，中国人对环境的感觉和西方人对环境的感觉是不一样的。同样是一种

革命壮士纪念园林

颜色，在西方可能是吉祥的，在东方就可能是不吉祥的、凶的，这就是文化差异，这种文化差异是怎么来的，要根据文化的发展、文化的积淀、从文化在整个地域中从生长到发育的整个过程来看。设计师必须处理不同行为的冲突，提供适应性。景观场所还要与生活其他方面如功能、社会结构、经济与政治体制、人的价值观等发生联系。

1.1.2.3　美化功能

一件好的景观设计作品将会具备某些审美的特征，它可以使人产生美感，具有美化功能。这种美化功能，主要体现在视觉的形式美方面。

实现园林景观的美化功能的前提是其形式美是可以感觉到的，一个场所不仅要适合人体的结构，还要适合人脑思维的方式。景观场所应该有明确的感知特性：可被认知、注目、记忆。观察者可以将可辨认的特征联系起来，并且在时间与空间中形成一个可理解的格局。一个场所的格局功能可以是我们内在和谐与连续感觉的支柱。这些引起美感的特征，是使用者情绪安全的源泉，他们能加强自我感觉。例如，在一个人的心智和情感发展过程中，尤其孩提时代，场所起着很大作用：在以后几年里也是如此。对于好奇的旅游者、专心于某项任务的长住居民以及偶尔散步者必须有醒目的线索在起作用，这些线索赋予美的享受，是扩大眼界的一种手段。空间的易辨识性至少是群体能依此凝聚并且建立他们自身含意的一个共同基础。

在园林景观环境的审美体现中，除了一部分是由大自然生成的天然景物外，其他大多数都属于人为创造的人工景物。景观的美化功能，主要是通过其自身的形象来表达意念、传达情感，利用造型语言和使用的材料、结构、色彩等来体现出园林景观环境的审美情趣。在设计实践中，设计师应不断探索，找到合理的表现方法，做到园林景观形式美与内容美的和谐统一，才能真正地实现园林景观的美化功能。

1.1.2.4　安全功能

在特定情形、特定群体条件下，我们会发现某些全人类使用者共享的基本准则。首先设计要考虑的是满足生物学需求，安全性对一个场所至关重要的支持。任何环境可以通过其对人类重要功能的支持和对人类体能的匹配程度而判断。不仅要关心卫生设备和结构安全的最低标准，还要对付那些疾病、空气污染、噪音、恶劣气候、眩光、尘埃、事故、水体污染、有毒废弃物或不必要的紧张等公害，尽最大可能改善环境，解除危险，使使用者免受其害。

某景观小区景观规划效果

针对园林景观环境中保护功能的设计形式来讲，其保护功能所采取的主要表现方式有阻拦、半阻拦、劝阻及警示四种具体表现方式。其中，阻拦方式是指对景观环境中人的行为和车辆的通行加以主动积极的控制，为保障人或车辆的安全而设置阻拦设施，如设置绿化隔离带、护栏、护柱及壕沟等。半阻拦方式与阻拦方式相比，其强制的措施相对减弱，半阻拦设施的用途主要起限制和约束作用。劝阻形式一般表现方式是不直接采取对行人或车辆通行的直接阻拦，而是通过地面材质的变化或高低变化等使游人行动产生相对的困难，从而起到对人和车辆的劝止作用。警示方式，则是直接利用文字或标志的提示作用，来告诫行人或者车辆的活动界限，以警示器危险性。

1.1.2.5 综合功能

每处园林景观在具备明显的视觉特征同时，还兼具经济、生态和美学价值，这就是景观环境的多重性价值。面对复杂多样的需求因素，园林景观的设计还要考虑与周围环境以及自身建立新的平衡关系。

要有对基地环境负责的态度。设计师要尊重原有的场地精神，尊重这块土地的含义。土地是有意义的，不是白纸一张，不是随便可以推倒的，每一寸都有神灵在这里栖息。每一位设计师，他的责任就是爱护土地。园林景观设计要尊重当地的风貌特点、文化风俗、历史名胜、地方建筑、神话故事、城市建设历史等。要考虑周围的环境，让园林景观与外部环境自然融合。

设计师还应探索鼓励使用者对园林景观场所进行负责任地控制。让使用者意识到自己与景观环境质量密切相关，熟悉维持和改进环境的主要因素，在重要决策时使用者能站出来维护自己的利益。

设计方案要富有弹性。设计师不仅要解决眼前需求，还必须看到它的规划将适应未来，以适应将来的需求变化。室外空间是一笔宝贵的资产，随着园林景观使用期限的临近，或者委托方需求的变化，会导致园林景观方案的后续改造问题。因此，设计者应考虑设计方案的长久性和将来需求的连续性。

某小区景观小景

某公园景观园林效果

某休闲广场

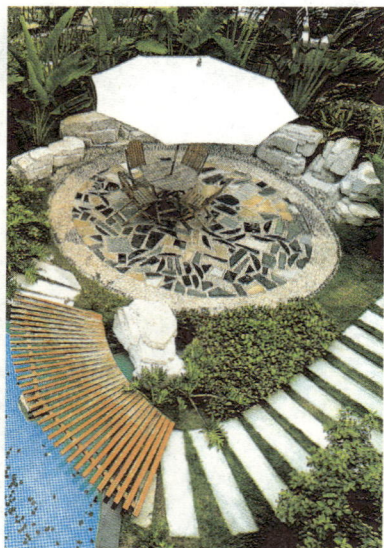

某度假酒店休闲区

1.1.3　调查与分析的方法

根据引出和得到资料的方法，调查与分析的方法可分为四大类：即直接观察、间接观察、直接交流和参与分析。

1.1.3.1　直接观察

直接观察记录下人们在一个场所中实际的活动。这是客观资料的丰富源泉，任何环境都是收集这种资料的场所。观察的行为通常是可见的行为，也可以记录谈话的内容。资料可以由一个机敏的观察者记录在笔记本上，并且用照相机或录音机作为补充。这种方式的局限是如果没有足够的理论依据，面对浩瀚冗长的记录，不知记录什么，也说不清行为与空间环境的关系是什么；即使抓住了相关行为，却无法得知其内在感受：感觉、意象、态度及价值观等，当人们遇墙壁而折向时，如果我们不知道这些人往哪儿去，折向后感觉如何，我们怎么能判断在设计中如何处理这堵墙呢？解决的办法是设计师将行为观察结合询问使用者内心感受来使用。

最贴切的观察类型是行为环境分析，即对在特定地点以有规律的间隔反复出现的某些定型行为进行分析。自动照相机可以从有利视点以有规律的间隔纪录场景情况，录像定格可作逐景连续分析，也可提高高速放像以短暂演示表达戏剧化的活动浪潮。取得的资料密切关系到容量、喜好、习惯性活动、周期性变化，以及潜在的环境问题和成功可能性：未使用的场所、拥挤的场所、危险点等。有经验的设计师更愿意静坐现场，观察某些有趣而能说明问题的事。没有什么能代替这种对实际使用中的场所情投意合的感受。

最传统的行为观察是交通观测，即记录某些特定地点一定单位时间内通过或转弯通过的车辆或行人的数量或类型。包括对车辆及高峰小时流量、使用频繁的人行道或主要入口的人流进行记录；通过对一条连续的观测线各交叉口派人观测，可确定观测区内车流人流增减情况；还可以对人流和车流作取样调查；在较小范围内，可以追踪个别行人或车辆一段时间，以了解环境对他们行动的影响。这类追踪调查可以手工完成，更常见的是用照相机以一定标准间隔从高处摄影。

行为环境关注行为与场所的界限范围，行为圈关注的是单个人在一定时间循环中活动的踪迹。这是一种个人图像，最好与这个人交谈取得了解，也可以追踪他一段时间。

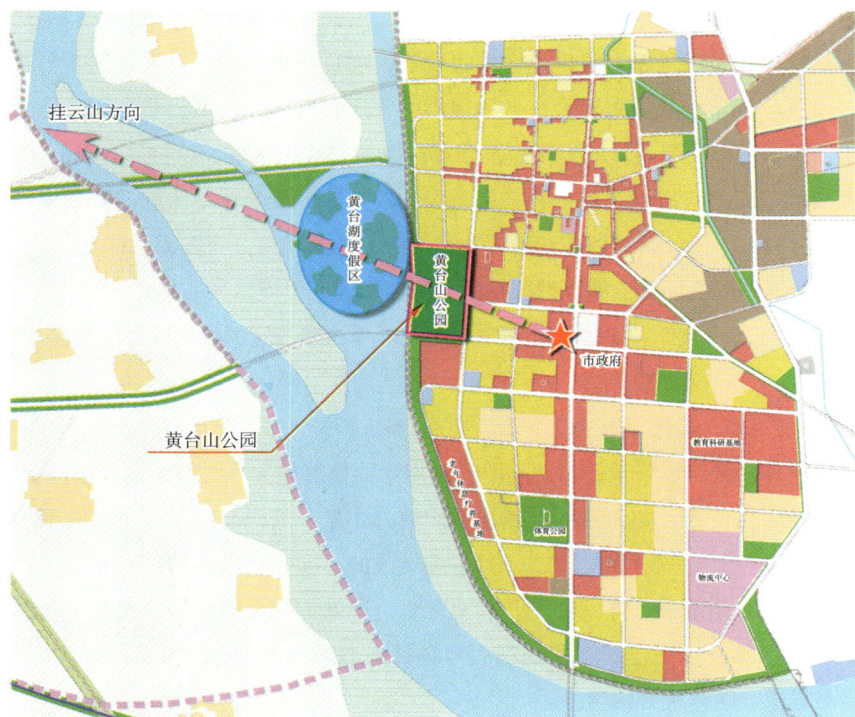

黄台山公园规划

1.1.3.2　间接观察

在间接观察中要运用过去行为记录来解释现在的行为并预测未来。这种技术用于使用者尚未集合起来，或者设计时某种条件限制决定排除使用者参与时，或者设计中心路途遥远，以致时间与经费不容许开展直接观察时采用。这种观察方式简单、经济、易于调查，但却难于从数据中提取设计的启示。

先例研究是设计师非常熟悉的一种间接调查方式。设计师研究现有稳定且被接受的景观形态，或研究某些社会集团本源的环境，据此模式所反映的价值观和活动模式建立新的景观环境，注意保持形态的某种连续性。

还可以注意研究和查看基地过去和现在一些历史学家和社会学家留下的有关资料和文档。这些资料已被记录下来，客观简洁，报纸、广播、电视、介绍手册、小说、绘画、通俗歌曲及广告都包含环境的参考资料，记述对环境所持的意象和见解。从中可以看到什么城市地区有什么样的问题和意见，对喜爱和不喜爱的环境的见解是什么。设计师回顾过去的冲突以了解人们十分关注奋力争取的是什么，这些是了解社会集团态度的窗口，因而对设计有极大的参考价值。

阅读基地环境中留下的种种痕迹也是设计师调查的一种有效手段。痕迹是信息的一种经济的来源，收集它们所引起的干扰很小，踩旧的踏步、泥泞中的小路、墙上的划痕和擦痕、小品陈设、标志显示、垃圾角内的废物、入口踏步的花及场地原有的树木等，这些能雄辩地说明人们要做什么。

最后，设计师也可以就如何处理所面临的情况咨询、专业性研究及评价文献。为此要对相关资料进行搜集，包括搜集国家规范文件、地方性规范资料和同类设计的优秀图文资料。

（1）设计师在设计过程中必须严格遵守具有法律意义的强制性规范条文。与园林景观设计相关的国家规范有《公园设计规范》（CJJ 48—92）、《城市居住区规划设计规范》（GB 50180—1993）、《居住区环境景观设计导则》、《城市绿化条例》、《城市道路绿化规划与设计规范》（CJJ 75—97）、《建设项目环境保护设计规定》及《中华人民共和国环境影响评价法》等。设计规范是为了保障设计的质量水平而制定的。大多数国家已经采取切实的行动保护野生环境，并使广大百姓享受野生环境带来的乐趣。有些特定的法律因素可能会影响设计师的提议，或者受设计师的提议所影响。在设计方案开始前就要考虑到这些法律因素，如水源地保护、现有树木的移除等，以避免给以后的工作带来麻烦和不必要的损失。

（2）园林景观规划要符合城市发展规划的要求。城市规划设计条件是由城市管理职能部门依据法定的城市总体发展规划提出的，是从城市宏观角度对具体的园林景观设计项目提出的若干控制性限定与要求，以确保城市整体环境的良性运行与发展。城市发展规划对城市各种用地的性质、范围和发展已作出明确的规定。要了解场地所处地区的用地性质、发展方向、临近用地的发展以及包括交通、管线、水系、植被等一系列专项规划的详细情况。设计师应该经常咨询当地政府部门以确定是否存在影响设计的法律因素。保护区内的建筑活动受到严格的法律限制，包括修建或移除任何树木，设计师可以咨询地方负责保护工作的官员，获取相关信息。

（3）优秀设计图文资料的搜集。应该搜集性质相同、内容相近、规模相当的图文资料，学习并借鉴前人的实践经验，了解同类设计的先进设计思想，了解国际上的发展趋势，掌握最先进的设计理念，对设计起到指导作用。

1.1.3.3　直接交流

直接交流是资料的主要来源，设计师通过直接交流不仅了解人们做什么，而且也揣摸他们如何感觉、想象和评价。

访问是直接交流的一种形式。由于设计师访问所有使用者的情形很少见，因此选择取样要有统计方面的考虑。取样范围多大？代表哪些阶层的人？如何选取？通常选用的办法是：第一，在范围小而有深度的访问中解决复杂而微妙的问题，不需计较其统计上的分量。第二，对于大规模的、问题明确的情形，按设计作量化分析的分结构层次访问最有效。通常最好以小规模、探索性、开放式调查为开端，继之以分层次结构、着重包含第一次调查未涉及的关键性问题的访问。第三，由于非本意的观点容易被强加给受访者，开放式的访问，允许人们各抒己见，通常是需要的，尽管对它做准确分析有困难。

也可要求应对者详细描述其行为周期：如他昨天做什么？何时，为何，在何处？提供出一幅坚实可靠的图景，描绘人们如何使用它们的空间和时间，如何与别人相互接触。设计师可以据此为之绘制社会及地理幅员图解，附注综合性的时间耗费量。

命题提问也是一种方式。受访者被要求确认在他们的环境中有哪些问题，他们的满意程度如何。问题直截了当，回答干脆利落。为避免偏离实际体验，设计师可以询问人们通常遇到的困难，要求他们描述所受的具体挫折，跳出概念化的框框，通过回顾，使受访者所储存的这些意象显现出来。自由描述可产生极丰富的资料。

1.1.3.4 参与分析

设计师想象自己进入他所创造的环境中，成为正在设计的园林景观的一个使用者。这种角色扮演可以拓展洞察力，是一种较好的学习方法。基地访问在讨论拟建场所的喜好问题时特别有用。走出会议室，带领使用者到他们熟悉的现场去，在真实的事物面前讨论使用者的反应和喜好，让使用者介入并激发构思，参与设计，给使用者可操作的活动模型去尝试基地布局，或者提供大量基地质量有关的照片或幻灯片让他们构思一个草图，都是很好的调查方式。

1.2 场地测量与现场环境分析

园林景观拟建地又称场地，园林景观设计不仅要反映设计师和委托方的主观愿望和理想，还要考虑场地的自然环境因素、场地原有的环境设施条件以及外部条件的关联框架。自然环境的差异对景观的格局内涵、文化和构建方式影响极大。如亚热带和热带的园林景观布局与气候环境寒冷地方的布局就有明显的差别。植被的选用必须考虑地质、土壤及环境气候条件，应从改善城市环境整个区域生活环境既生态环境着眼，对景观环境和周边环境内的绿化做整体规划。园林景观设计所涉及的内容要素外延很广，这里从场地测量与现场环境分析两方面做简单的说明。

1.2.1 场地自然环境测量

要制定一个详细的设计方案，需要按比例画出场地现状图，即所谓的场地测量。设计师需要亲自踏勘一番。亲临现场的好处在于能更加熟悉场地，并发现园林景观设计中需要考虑的诸多因素。

1.2.1.1 场地自然环境测量的对象、方法

场地自然环境测量的对象主要指场地自然条件和气候条件。场地自然条件包括地形、水体、土壤、植被；气候条件包括日照、温度、风、降雨及小气候等；有些技术资料可从有关部门查询得到，如场地所在地区的气象资料，场地地形及现状图，城市规划资料等。对查询不到的，但又是设计所必需的资料，就必须通过实地调查、勘测得到。如场地及环境的视觉质量、场地小气候条件等。若现有资料准确度不够或不完整，或与现状有出入，则应重新勘测或补测。

测量方法主要有基线测量（亦称连续标测）、偏距测量和三角测量三种，要精确定位场地中的所有元素，三种方法缺一不可。

1.2.1.2 场地自然条件、气象资料现状调查分析

1. 地形

园林景观设计场所的地形考察对象主要包括场所的地理位置、面积、用地的形状、地表起伏变化的状况、走向、坡度及裸露岩层的分布情况等。

地理位置对园林景观设计与规划至关重要。如何利用应根据其所处的具体位置和面积的不同而异。它的地理资源如何，有利和不利因素是什么，处于北方还是南方，是城市中心还是郊区，如何发展和规划都必须认真分析。面积的大小也影响其规划和布局，不同面积的景观可以按照场所选择不同的开发方式。大面积的园林景观可以采用人工景观和自然景观相结合的形式。面积较小的园林规划可运用空间的变化达到自然风景的微缩效果，俨然一幅自然山水风景画。

地形陡缓程度的分析很重要，它能帮助设计师确定建筑物、道路、停车场地以及不同坡度要求的活动内容是

否适合建于同一地形上。地表高差变化对设计方案影响很大，必要时要补充客土或者用机器平整地面。因为观景是从地势的高低形势中获得的，眺望观景得益于高地势，在平坦的幽静小路中漫步可获得闲适宁静的心态，地形的变化能给人带来不同的心情，也能产生不同的心境反映。

根据地形的变化可分为平地、坡地和山地。平地是通风条件好，视野开阔的地段，适于安排集体活动场地，方便人们欣赏景色、游览休息以及积聚疏散，平地要重点考虑排水问题。坡地因地形可以消除视景的幽闭感，使景观更富有层次，坡地有通风排水条件好，自然采光和日照时间长等优点，只要坡度不超过 4%，就不需要大动土方，比在平地规划景观有更好的条件。山地在景观规划中往往利用原有地形，适当加以改造才能利用，通过山地的变化来组织空间，使景观更加丰富。岩石由于土质薄而不利种植植物，但岩石有天然形成的朴实感和粗犷的感觉，可用来表现淳朴、自然的回归感，或者运用平整规划过的土地加以衬托，创造丰富的景观环境。坡度分析对如何经济合理的安排用地、对分析植被、排水类型和土壤等内容都有一定的作用。

2. 水体

全面掌握场地的排水状况，包括现有水面的位置、范围、平均水深、常水位、最低和最高水位、洪涝水面的范围和水位，了解它们的季节变化情况及水利部门对其防洪泄洪的要求；了解水面岸带情况和地下水位波动情况；了解场地内与场地外水系的关系状况；了解旱涝 10 年一遇和 30 年一遇的情况。

3. 土壤与植被

土壤的酸碱值和土壤结构会影响植物的生长，所以对场地内土壤进行 pH 值类型检测和土壤结构检测，确定场地内的土壤类型和土壤结构并记录下来是非常重要的。植物只能生长在 pH 值为 4~7.5 的环境中，pH 值为 6 左右的中性土壤既适合酸性植物也适合碱性植物，不同位置的土壤酸碱性差别很大。植被的类型选择和种植安排要在此条件下并结合自然气候有很大关系。植被调查的内容包括现有植被的种类、数量、分布以及可利用程度。如

某城市景观带规划分析图

果场地中有需要保留的树木，要测出每棵树干的位置，并标记树木类型、干径、冠幅、枝下高和树高。

土壤承载力的高低也是必须考虑的问题，景观的规划要根据当地的土壤条件而进行设计。通常潮湿富含有机物的土壤承载能力很低，如果荷载超过该土壤的承载力极限，就需要采取一些工程措施，如打桩、增加接触面积或铺垫水平混凝土条等进行加固。

4. 环境气候

环境气候的差异对于地域文化和人们的生活有很大的影响。热带和亚热带属于高温气候，需要有较好的通风条件，景观规划要注意布局的开放，夏季主导风向的廊道应架空处理，户外要有开敞的空间。而寒冷地方的城市环境，则应采用集中的结构和布局，空间格局应封闭些，更多地注意防寒设施的建立。对于一年的平均温度，一年中的最低和最高温度，持续低温或高温阶段的历时天数，各月的风向和强度，夏季及冬季主导风风向，年平均降水量，降雨阴晴天数、最大暴雨的强度、历时及重现期等资料要搜集到位，设计时给予重视。

光线能够影响空间的氛围，调查和设计时都应给予重视。不同纬度地区的光线质量也有差异，光线照射的方向决定了人们对物体的感知，影响园林景观的效果。温带地区日照相对较弱，阴影是柔和模糊的，一年中大部分时间太阳高度角较小，从而形成很长的阴影。热带地区，尤其是赤道附近，光线非常强烈和明亮，照在物体上投下浓密且边界清晰的阴影。进入场地中光线的数量和质量受场地内元素的分布和临近环境的影响。

5. 小气候

小气候是指由于地表面性质不均一或人类和生物的活动所造成的小范围内的特殊气候，在一个大范围的气候区域内，由于局部地区地形、植被、土壤性质、建筑群等以及人或生物活动的特殊性而形成的小范围的特殊气候。小气候中的温度、湿度、光照及通风等条件，直接影响园林景观的设计。小气候可通过一定的技术措施加以改善。

1.2.1.3 绘制场地测量草图

设计师对场地所有景观元素都进行了测量（建筑、构筑物、小径、铺装场地、花坛和乔木等）并描绘在草图

这正是一个充满契机和转折的时期，无论是玄武湖，还是古老而年轻的南京市，都面临着时代的冲击和挑战，易道公司在完成钟山风景区概念性规划之后，受南京市园林局之邀，对玄武湖展开进一步的深入规划工作。

易道公司开展对玄武湖风景区的详细规划，其目的不仅在于将玄武湖重塑为知名的国家级风景区，同时增强风景区和城市周边区域的联系，带动征地区域人文、生态、经济价值的提升，为城市注入生气和活力。

本次详细规划的研究范围为：龙蟠路、中央路、北京东路、太岗路所围合区域，包括玄武湖公园、情侣园、北极阁公园、九华山公园、台城、鸡鸣寺等，并扩大到龙蟠路以北的局部地区，包括白马公园。

南京

南京位于长江下游，西北踞长江之险，东南宁静山脉环绕，形势险要，是长江流域四大中心城市和长江三角洲西部枢纽城市，江苏省省会，也是该省的政治、文化、经济中心，并处于我国东西水运大动脉长江与南北陆运大动脉京沪铁路的交汇点，素有"东南门户""南北咽喉"之称。

玄武湖

玄武湖位居南京的核心，东傍秀美钟山、西临天堑长江、南依繁华夫子庙，秦淮河、北望遥遥幕府山，它的总面积约为10平方公里，南北长约为2.4km，东西最宽处约为2km，周长约9.5km，全湖面积为4.73km²，其中湖水面为3.68km²，五洲面积1.05km²。

上，相关的草图记录也应与之一起妥善保管，供以后设计参考。在平面图上标注土样采集的位置，并将测定结果标记在草图上。

1.2.1.4 绘制实测平面图

有关场地的一切信息搜集齐备后，为了将场地现状，尤其是平面布局精确地表现出来，就要开始按比例绘制场地平面图。尽管设计师很少从空中俯瞰场地，但是这种实测平面图是空间和元素规划融合的基础。场地平面图的逐渐完善是一件令人兴奋的事，即使其中有些测量误差也是可以原谅的，因为场地测量很难做到精确无误，但对有明显错误的地方，设计师仍需要去现场查验一下。场地测量

旅游分析

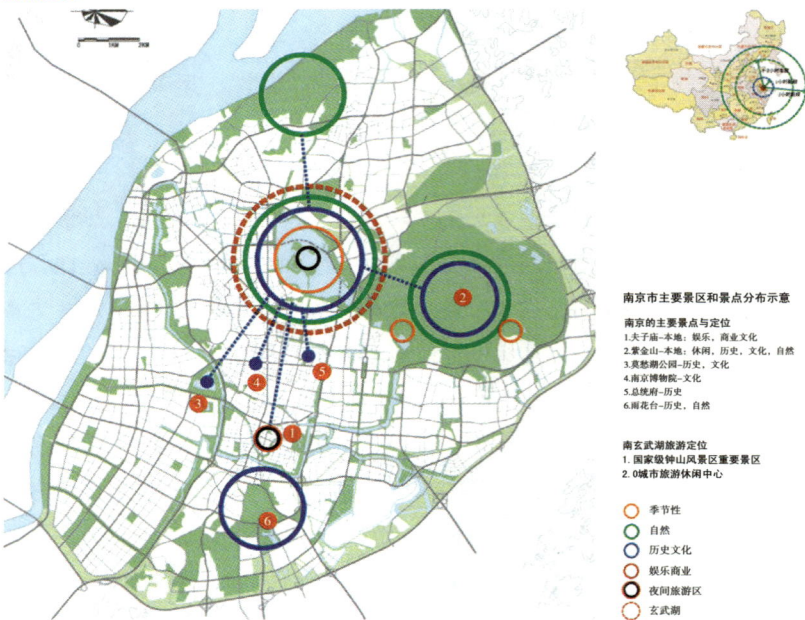

南京市主要景区和景点分布示意
南京的主要景点与定位
1.夫子庙—本地；娱乐，商业文化
2.紫金山—本地；休闲，历史，文化，自然
3.莫愁湖公园—历史，自然
4.南京博物院—文化
5.总统府—历史
6.雨花台—历史，自然

南玄武湖旅游定位
1.国家级钟山风景区重要景区
2.0城市旅游休闲中心

○ 季节性
○ 自然
○ 历史文化
○ 娱乐商业
● 夜间旅游区
◌ 玄武湖

现有景点与建设

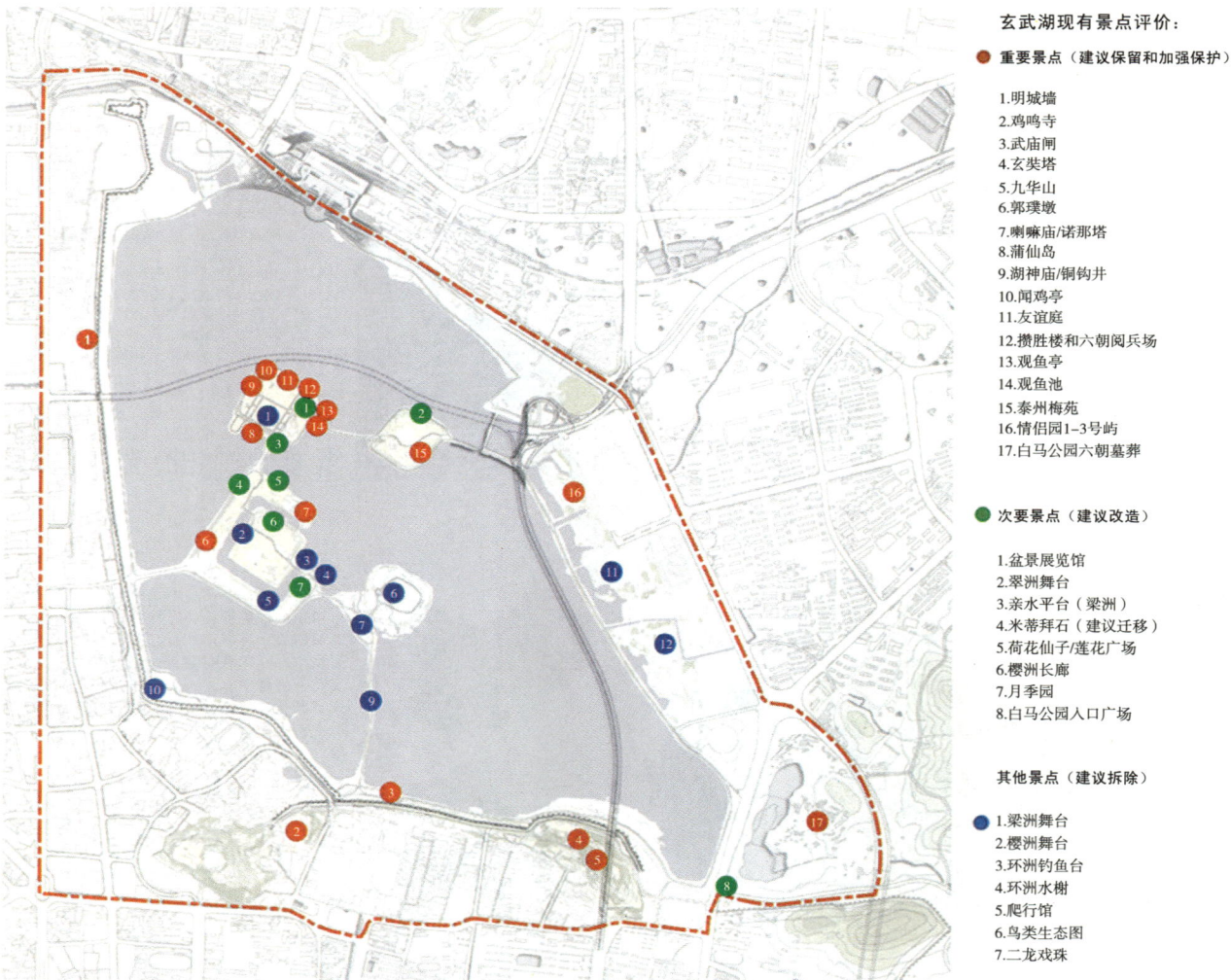

玄武湖现有景点评价：

● 重要景点（建议保留和加强保护）

1.明城墙
2.鸡鸣寺
3.武庙闸
4.玄奘塔
5.九华山
6.郭璞墩
7.喇嘛庙/诺那塔
8.蒲仙岛
9.湖神庙/铜钩井
10.闻鸡亭
11.友谊庭
12.攒胜楼和六朝阅兵场
13.观鱼亭
14.观鱼池
15.泰州梅苑
16.情侣园1～3号屿
17.白马公园六朝墓葬

● 次要景点（建议改造）

1.盆景展览馆
2.翠洲舞台
3.亲水平台（梁洲）
4.米蒂拜石（建议迁移）
5.荷花仙子/莲花广场
6.樱洲长廊
7.月季园
8.白马公园入口广场

其他景点（建议拆除）

● 1.梁洲舞台
2.樱洲舞台
3.环洲钓鱼台
4.环洲水树
5.爬行馆
6.鸟类生态图
7.二龙戏珠

风景区和城市关系

图例：
- 现状城市边缘
- 玄武湖公园
- 城市开放空间
- 城市连接
- 地铁出入口
- 玄武湖景区主要入口
- 玄武湖景区次要入口

交通组织

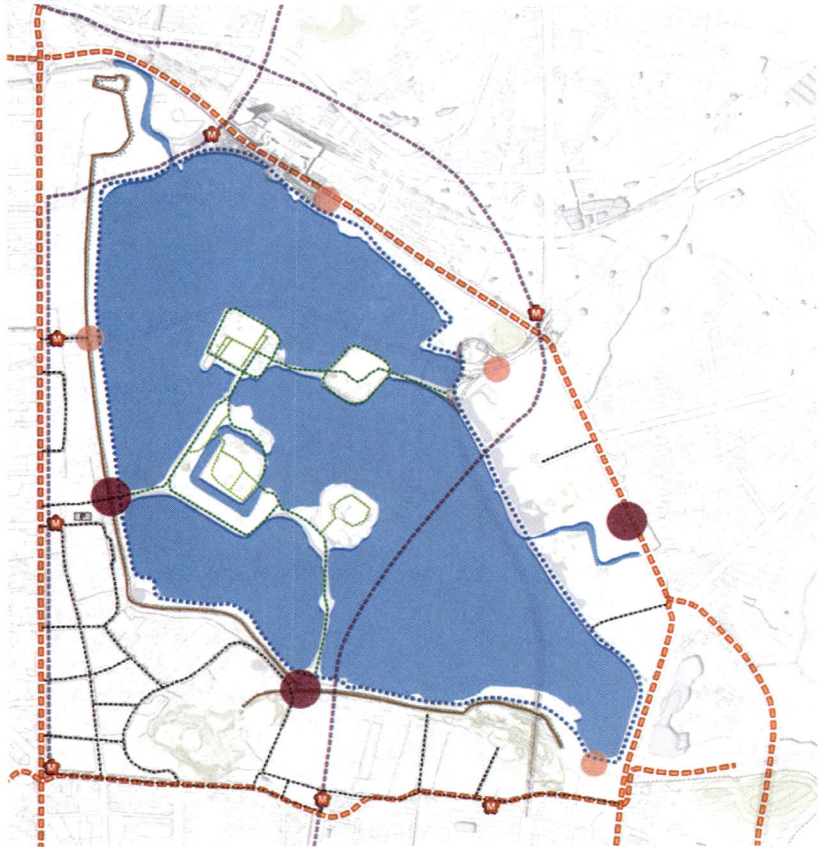

图例：
- 明城墙
- 城市主要道路
- 城市次要道路
- 地铁
- 环湖路
- 岛内现存主要道路
- 岛内现存次要道路
- 地铁出入口
- 玄武湖景区主要入口
- 玄武湖景区次要入口
- 玄武湖景区停车场

景观规划结构

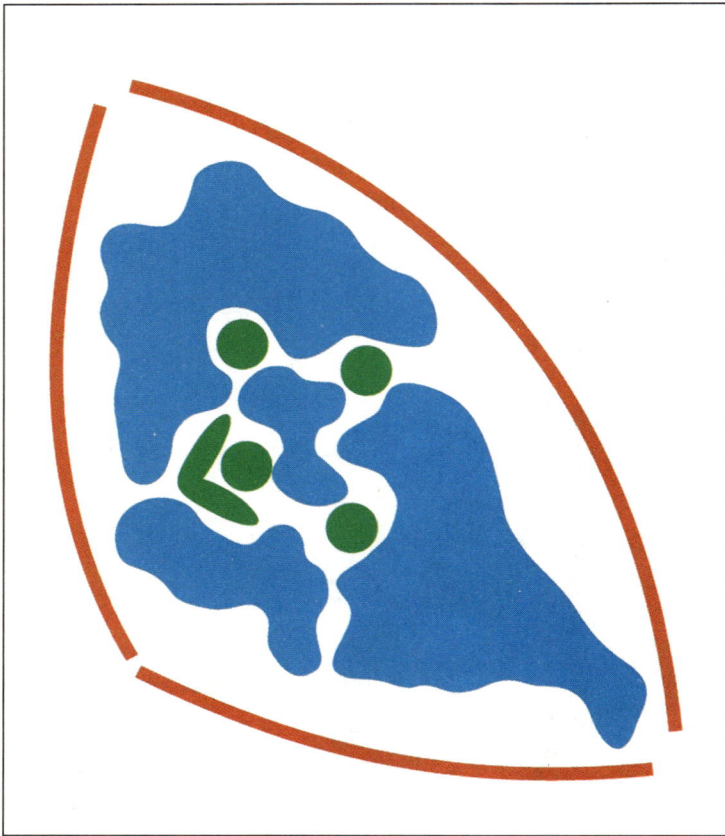

设计说明

风景区的整体规划设计结构可总结为"三线、四湖、五洲"。

三线

环湖城市风光带可根据不同的城市界面特征分为三线，它反映周边城市区域的不同空间轴线和个性。

四湖

基于岛屿和环湖风光的影响，湖面也将分为四个不同特征的区域，由岛屿所环绕的后湖，毗临火车站站前广场的北策湖，紧傍假明城墙的西邸湖以及延伸到情侣园的南渡湖。

五洲

环洲/樱洲、翠洲、梁洲、菱洲

基于对基地现有景观资源和周边边际城市区域的调研分析，规划设计将玄武湖景区划分为不同层级的子景区，目的是创造风景区不同层次和逐渐变化的景观空间，同时使风景区获得和城市的连接。

在规划设计确立的整体景区框架下，景观设计通过一系列语言来展现，凸出和强化这些不同区域的个性特征与景观分为，使市民和游客获得丰富的景观体验和视觉印象。

三线 ─城市介面
　　　─空间个性

四湖 ─环境氛围
　　　─景观印象

五洲 ─多元文化
　　　─核心景区

三线	1.都市游乐线	都会动感
	2.自然文化线	自然宗教
	3.生活风尚线	新旧文化

四湖	1.苑湖	优雅高贵
	2.北策湖	活力繁盛
	3.西邸湖	浪漫幽静
	4.南渡湖	休闲清新

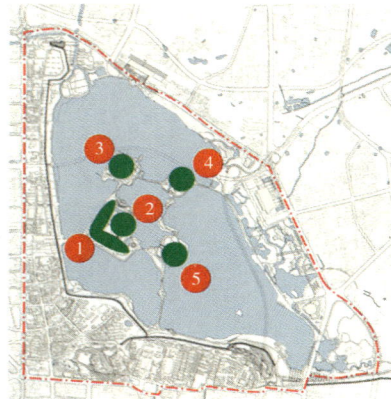

五洲	1.环洲	水韵文化
	2.樱洲	园苑文化
	3.梁洲	历史文化
	4.菱洲	现代艺术文化
	5.翠洲	生态文化

图将会作为下阶段场地规划的基础，因此应妥善保管。

1.2.2　场地人文环境分析

1.2.2.1　场地人文环境分析的对象

　　这里的人文环境是指人为因素造成的，而非自然形成的存在物质或存在形态。主要包括场地中的人工设施、建筑及构筑物、道路和广场、各种管线；视觉质量、场地现状景观、环境景观；场地范围及环境因子：场地范围、交通和用地、知觉环境、小气候条件等。

1.2.2.2 场地人文环境现状调查分析

1. 人工设施

了解场地现有的建筑物、构筑物等的使用情况，园林建筑平面、立面、标高以及与道路的连接情况。要分清建筑的风格、建造年代、建筑物的状况如何、建筑物的立面材料是什么。了解道路的宽度和分级、道路面层材料、道路平曲线及主要点的标高、道路排水形式、道路边沟的尺寸和材料，了解广场的位置、大小、铺装、标高以及排水形式。园路的材料与状况如何、台阶如何、墙体如何、其他构筑物损坏程度如何、街道的宽度如何及交通强度如何。了解各种管线。管线有地上和地下两部分，包括电线、电缆线、通信线、给水管、排水管、煤气管等各种管线。有些是供园内使用的，有些是过境的。要区别园中这些管线的种类，了解它们的位置、走向、长度，每种管线的管径和埋深以及一些技术参数。如下水管位置在哪里，以及路灯、电表、煤气表、水龙头的位置。

2. 视觉质量

场地内的景观和从场地中所见到的周围环境景观的质量需要经实地踏勘后，才能做出评价。在踏勘中，常用速写、拍照片或记笔记的方式记录一些现场视觉印象。拍照是记录场地景象最真实的方法，无论用数码相机还是胶片相机，对于一些要特别留意的物体，如围墙、雕像、树木等，都要近距离拍摄，记录下它们的详细信息。最好都冲洗出来，裱在纸板上，并固定在工作室的墙上，作为备忘提示，以备需要时查看。

对场地中的植被、水体、山体和建筑等组成的景观可从形式、历史文化及特异性等方面去评价其优劣，并将结果分别记录。同时记录主要观景点的平面位置、标高、视域范围。

环境景观是指场地外的可视景观，根据它们自身的视觉特征可确定它们对将来场地景观形成所起的作用。景观及其周边环境的地形、地貌和植被等自然条件，常是园林景观设计师要考虑的问题，也常常是倾心利用的自然素材，许多优美的景观大都与其所在的地域特点紧密结合，通过精心的设计和利用，形成景观的艺术特色和个性。现状景观视觉调查结果应用图表示，记录从场地向左右前后方的观察情况，在图上，应标出确切的观景位置、视轴方向、视域、清晰程度以及简略的评价。应考虑如下因素：环境的品质和特点如何；形态、颜色和肌理的模式是否兼有人工要素与自然植被；是否满意视域范围内的景物；记录场地周围好的和差的景观元素以及能俯瞰到景观的位置，记录将会有助于设计师决定哪些元素需要遮挡、哪些需要强调；俯瞰场地就可以看到有的场地需要通过隐藏边界形成视线内敛，以凸显场地内部景观；仔细观察各个方向，即使在最喧闹的市中心，也常有悦目的景物，例如一株妙趣横生的树、一簇烟囱或者很别致的天际线，这些都可以纳入场地的视野中作为借景，借景可以使场地显得更宽阔。

场地如能与外环境很好的结合，就能做到收纳外景为我所用，使之成为场地整体景观中的一部分。在大多数场地中，都有佳景可借，也都有俗景待屏蔽，遮挡不佳景观时，要选择适宜的植物，如果所选植物的形态和颜色不自然，反而更加引人注意、弄巧成拙。如选择恰当，此方法可以有效地遮挡电视天线、排水管道、防火楼梯以及丑陋建筑等，并给路人带来愉悦，从而对整体的景观效果产生积极作用。有时场地的视野开阔、景色宜人，但美景太多会喧宾夺主，以致场地似乎仅仅是一个观景平台，在这种情况下，一种明智的解决方法是植物框景，划分整个视野，使之成为一幅幅构图精美的风景画。

3. 场地范围及环境因子

应明确园林景观用地的界线及其与周围用地界线或规划红线的关系。了解场地周围的交通，包括与主要道路的连接方式、距离、主要道路的交通量。另外，还应标明场地周围工厂、商业或居住等不同性质的用地类型。根据场地的规模，了解服务半径内的人口量及其构成。了解场地环境的总体视觉质量，该过程可与场地视觉质量评价同时进行。了解场地外噪音的位置和强度，并注意噪音与主导风向的关系。了解场地外空气污染源的位置及其影响范围，是在场地的上风还是下风。了解场地外围植被、水体及地形对场地小气候的影响，主要可考虑场地的通风、冬季的挡风和空气湿度几方面。了解场地附近高层建筑物之间穿堂风的方向。处于城市高楼间的场地还要分析建筑物对场地日照的影响，划分出不同长短的日照区。了解场地或建筑所面对的方向，它将影响场地的日照情况，朝向明确后，应在图纸的右下方，以指北形式标出。

1.2.2.3 绘制场地人文环境分析图

（1）在场地实测平面图上，覆盖一张新的描图纸。

（2）首先把场地平面上的所有元素描绘下来，根据场地人文环境信息，用文字标记或者抽象图示符号，将尽可能多的信息转化到新的图纸上，尽可能使用符号，因为它会使场地信息更加生动、易懂，便于以后参照。

（3）记录下与保留构筑物的建造材料和整体状况，如构筑物是否破旧，或者刚刚修葺过。

（4）考虑现有植物的保留或者移栽情况，并记录。

（5）使用指北针标注场地的朝向。

（6）观察和记录场地中的任何阴影。

（7）记录场地的盛行风向。

（8）记录排水顺畅和困难的区域。

（9）记录可能出现局部霜冻的区域。

（10）记录任何可能影响场地舒适的因素。

（11）确定并记录边界的归属权。

（12）通过上色，可以使图面效果更好，例如用蓝色的箭头表示冷风，黄色的星号表示阳光充足的地方。

1.2.2.4 绘制场地评价图

对场地进行评价需要比场地自然环境测量和场地人文环境分析阶段进行更多的思考。因为在图纸上落笔之前，设计师必须花些时间考虑所搜集信息的重要性。设计师要清楚某个信息是否有用。在图上标注出你已经考虑周详的决定，及对场地现状评价以及改善场地的建议。

1.2.2.5 绘制概念草图

在场地自然环境测量、场地人文环境分析，即设计的准备和研究阶段完成后，设计师应该对新设计方案中所涵盖的各个元素有较深入的设想和构想，根据委托方需求调查分析和相关资料搜集，能立即了解哪些元素是委托方最期望的。这些元素都要在设计中安排具体位置。概念图展示了拟定元素的重新布局，应该用概念图尽可能地尝试并保管好这些图纸，以供场地初步方案设计开始时参考。虽然设计师不必向委托方出示这些推演草图，但这个工作过程不能略过，唯有经过此阶段的基础工作，设计师才能更好地了解场地情况及其所受到的限制和拥有的潜力，也能根据这些记录和草图来回溯整个设计过程。这些记录和草图在阐释诸如广场、公园等项目的方案形成过程时，意义非凡。

1.3 园林景观设计的过程

各种项目的设计都要经过由浅入深、从粗到细、不断完善的过程，风景园林设计也不例外，设计师应先进行场地调查，熟悉物质环境、社会文化环境和视觉环境，然后对所有与设计有关的内容进行概括和分析，最后，拿出合理的方案，完成设计。这种先调查再分析、最后综合的设计过程可划分为五个阶段，即任务书阶段、场地调查和资料分析阶段、方案设计阶段、详细设计阶段、施工图阶段。

每个阶段都有不同的内容，需解决不同的问题，并且对图面也有不同的要求。

1.3.1 任务书阶段

在任务书阶段，设计人员应该充分了解设计委托方的具体要求，有哪些愿望，对设计所要求的造价和时间期限等内容。这些内容往往是整个设计的根本依据，从中可以确定哪些值得深入细致地调查和分析，哪些只要做一般的了解。在任务书阶段很少用到图面，常用以文字说明为主的文件。

1.3.2 场地调查和资料分析阶段

掌握了任务书阶段的内容之后就应该着手进行场地调查，收集与场地有关的资料，补充并完善不完整的内容，对整个场地及环境状况进行综合分析。收集来的资料和分析的结果应尽量用图画、表格或图解的方式表示，通常用场地资料图记录调查的内容，用场地分析图表示分析的结果。这些图常用徒手线条勾绘，图面应简洁、醒目、说明问题，图中常用各种标记符号，并配以简要的文字说明或解释。

1.3.3 方案设计阶段

当场地规模较大及所安排的内容较多时，就应该在方案设计之前先做出整个园林的用地规划或布置，保证功能合理，尽量利用场地条件，使诸项内容各得其所，然后再分区分块进行各局部景区或景点的方案设计。若范围较小，功能不复杂，则可以直接进行方案设计。方案设计阶段本身又根据方案发展的情况分为方案的构思、方案的选择与确定以及方案的完成三部分。综合考虑任务书所要求的内容和场地及环境条件，提出一些方案构思和设想，权衡利弊确定一个较好的方案或几个方案构思所拼合成的综合方案，最后加以完善完成初步设计。该阶段的工作主要包括进行功能分区，结合场地条件、空间及视觉构图确定各种使用区的平面位置（包括交通的布置和分级、广场和停车场地的安排、建筑及入口的确定等内容）。常用的图面有功能关系图、功能分析图、方案构思图和各类规划及总平面图。

1.3.3.1 功能分区图

功能分区图是确定设计的主要功能与使用空间是否有最佳的利用率和最理想的联系。此时，主要的任务是将设计的主要功能与空间关系用圆圈或抽象的符号表示出来，理想的功能分区图与基址无直接关系。在制作理想的功能分区图时，应考虑：

什么样的功能产生什么样的空间，同时与其他空间有何衔接？

什么样的功能空间必须彼此分开，要离多远？在不调和的功能空间之间，什么时候要阻隔或遮挡？

如果将一空间穿越另一空间，是从中间还是从边缘通过？是直接还是间接通过？

功能空间是开敞还是封闭？向里看，还是由里向外看？

是否每个人都能进入这种功能空间？是否只有一种方法或多种方法？

理想的功能分区图无需严格控制比例，与已知的基址的任何条件均无关，且一个项目可以有多种不同的布局。

1.3.3.2 概念性草图

在功能分区的基础上，把前一阶段所作的现状图、调查记录（记录设计师观点和对场地现状的评估）用基址功能关系图表示出来，这一过程可以把场地的相关信息和设计师的思想融合在一起。

在这一阶段，可以使用抽象而又易画的符号来表示。如用圆圈来表示不同的空间，简单的箭头来表示运动的轨迹，用不同形状和大小的箭头来清楚地区分出主要和次要的路线及不同的道路模式，如人行道和机动车道。星形或交叉的形状代表重要的活动中心、人流的集结点、潜在的冲突点以及其他具有重要意义的场地。"之"字形线或关节形状的线表示线性垂直元素，如墙、屏障、栅栏及绿篱等。

所有这些抽象的符号仅表示大致的界线或道路的走向，而不代表任何精准的边界。可以指出道路铺装、水、草坪、林地等的类型，但此阶段不需要表现颜色、肌理、质感、图案等细节，可进行多方面的思考，理性地选择合理的方案。这一阶段的关键在于，在不妨碍造型设计的基础上，尽可能细致深入地思考功能关系和尺度比例。

1.3.3.3 造型研究

设计到目前为止，仍是处理一些比例、功能与位置的实用性考虑而已，设计师只是解决了一些功能上的问题，从现在开始，讨论的重点将是设计的造型和感受。一个概念性草图，虽然其功能安排相同，但是能够创造出主题不同、特点和造型各异的一系列设计方案。如以直线、曲线、弧线、圆形、三角形及矩形等几何图形为模板，得到遵循各种几何形体内在数学规律的图形，可以设计出高度统一的空间，并通过分析比较选择最佳方案。

造型的研究是处理设计中硬质结构因素（如地面铺装、道路、水池、种植池等）和草坪边缘线条的手段，这种方法非常适合小尺度（2hm^{2}或更小）的项目建设，大面积的公园或风景区的规划可用在特殊区域或局部。

此外，除了从功能与环境入手进行构思外，具体的任务需求特点、结构形式、经济因素乃至地方特色等均可以成为设计构思的切入点和突破口。例如，扬州个园以石为构思线索，从春夏秋冬四季景色中寻求意境，结合画理"春山淡冶而如笑，夏山苍翠而如滴，秋山明净而如妆，冬山惨淡而如睡"拾掇园林，由于构思立意不落俗套而能在众多优秀的古典宅邸园林中占有一席之地。设计构思还应善于发掘与设计有关的题材和素材，并用联想、类比、隐喻等手法加以艺术表现。例如，美国的玛莎·舒沃兹（Matrha Schwartz）设计的某研究中心的屋顶花园，就是巧妙地利用该研究中心从事基因研究的线索，利用基因重组的原理，将截然不同的园林原型重新拼合，一半是体现自然美的日本枯山水庭园；另一半是展现人工几何美的法国庭园，它们分别代表着东西方园林的基因，隐喻它们可通过像基因重组一样结合起来创造出新的形式，因此该屋顶花园又称为拼合园。在日本禅宗枯山水园中，绿色水砂模仿传统枯山水大海的形式，但枯山水中的岩石和苔藓却被塑料制成的黄杨球所代替。法国园部分为整形树篱图，修剪的绿篱实际上是可坐憩的条凳。当人们进入这样的景观中时，会产生另类的体验与感受。

另外需要特别强调的是，在具体的设计方案中，同时从多个方面进行构思，寻求突破，或者是在不同的设计构思阶段选择不同的侧重点都是最常用、最普通的构思手段，这样既能保证构思的深入和独到，又可以避免构思流于片面，走向极端。

1.3.4 详细设计阶段

方案设计完成后应协同委托方共同商议，然后根据商讨结果对方案进行修改和调整。一旦初步方案定下来后，就要全面地对整个方案进行各方面详细的设计，包括确定准确的形状、尺寸、色彩和材料。完成各局部详细的平立剖面图、详图、园景的透视图、表现整体设计的鸟瞰图等。

1.3.4.1 方案的比较、调整

根据特定的场地条件和设置的内容多做一些方案加以比较也是提高方案水平的一种方法。方案必须要有创造性，各个方案应各有心意和特点而不能雷同。由于解决问题的途径往往不止一条，不同的方案在处理某些问题上也各有独到之处，因此，应尽可能地在权衡诸方案构思的前提下定出最终的合理方案，该方案可以以某个方案为主，兼收其他方案之长，也可以将几个方案在处理不同方面的优点综合起来。

1.3.4.2 方案的完善与深入

到此为止，方案的设计深度仅限于确立一个合理的总体布局、交通流线组织、功能空间组织以及与内外相协调统一的体量关系和虚实关系，要达到方案设计的最终要求，还需要一个从粗略到细致刻画、从模糊到明确落实、从概念到具体量化的进一步深化的过程。

深化过程主要通过放大图纸比例，由面及点，从大到小，分层次步骤进行。应分别对平、立、剖及总图进行深入细致的推敲，将所有的设计素材，完整、精确地布置在图纸上。在调整的过程中，应注意以下几点：

（1）明确技术经济指标。如绿化率、绿化覆盖率、建筑密度等，如果发现指标不符合规定要求，必须对方案进行相应调整。

（2）将设计因素的外形细节和材料整个联系起来。例如各个空间形式的塑造、比例、尺度、边界的处理手法，铺装的图案、墙和景窗的造型，绿篱的图案、高度、颜色、种植密度等都需要深入考虑。画在图上的植物造型应借鉴成年后的尺寸，冠幅、形态、色彩、质地都要经过推敲和研究，确定植物的图例。

（3）设计的三维空间的质量和效果。包括每种元素的位置和高度，例如树冠、绿篱、墙体、地形等的高度及彼此之间的高度关系，需要通过对立面、剖面的深入分析与设计，应严格遵循一般形式美原则，注意对尺度、比

例、均衡、韵律、协调、虚实、光影、质感以及色彩等原则规律的把握与运用，取得一个理想的园林空间形象。

除了各个部分自身需要调整外，各部分之间必然也会产生相互作用、相互影响，如平面的深入可能会影响到立面与剖面的设计，同样立面与剖面的深入也会涉及平面的处理。

方案的完善与深入是不断调整的过程，最终的造型是在不断研究的基础上发展而深入完善的，可能与概念性草图、造型图有很大的不同，因为设计师在推敲比较特殊的因素时可能产生一些新的构思，或受到另外一些设计因素的影响和制约，不断地调整自己的方案。

1.3.5 施工图阶段

施工图阶段是将设计与施工连接起来的环节。根据所设计的方案，结合各工种的要求分别绘制出能具体、准确地指导施工的各种图面，这些图面应能清楚、准确地表示出各项设计内容的尺寸、位置、形状、材料、种类、数量、色彩以及构造和结构，完成施工平面图、地形设计图、种植平面图及园林建筑施工图等。

第2章 园林景观设计的原则

2.1 场地设计的合理规划

场地设计需要结合场地条件，合理地进行安排和布置。一方面，为具有特定要求的内容安排相适应的场地位置，另一方面，为某种场地布置恰当内容，尽可能地减少矛盾、避免冲突。设计师应准确把握所用场地的功能性，了解其使用对象对该场所的具体使用方式，对该场所使用时的基本氛围、基调，做出正确的判断。同时，对使用场地比例依据不同功能性质的需要做出合理的布局分配，从宏观上，保证其景观场所功能的合理性，从而确保其制定行为的顺利发生、实现，满足人们的各种特定需求。

2.1.1 场地设计的指导原则

2.1.1.1 整体设计原则

1. 处理好部分和整体的关系

着手园林景观设计首先应把握其功能定位的合理性原则，确定主体（人）与客体（园林景观设计要素）间关系的正确基调。园林景观用地的性质不同，其组成内容也不同。有的内容简单、功能单一，有的内容多、功能关系复杂。园林景观场地设计合理规划的第一步工作就是要搞清各项内容之间的关系。因为合理的功能关系能保证各种不同性质的活动、内容的完整性和整体秩序性。根据使用区之间性质差异的大小，可划分为兼容的、需要分隔的、不相容的三种形式。另外，整个园林的内容之间常会有一些内在的、逻辑的关系，例如动与静、内部与外部等。如果

凹地景观规划

某休闲公园

按照这种逻辑关系安排不同性质的内容，就能保证整体的秩序性，这些都需要设计师通过设计为其提供相对应的理想场所，每一项具体的园林景观设计工作都有其明确、特定的功能要求，而又不破坏其各自的完整性。

在整体和部分的风格处理上也是如此。园林景观作为多种元素的整合体，应具备统一性，各个部分的风格形式有所差异，但又是统一关联的，是一个有机的整体；园林景观设计的目标是整体优化和可持续发展，不能一次完成的景观建设，要为以后的补建和扩建留有余地，在长期的形成过程中逐步体现出一定的整体秩序。解决好人与人，结构与功能，格局与过程之间的相互关系，使自然环境与周围环境充分结合，创造出和谐丰富的外部空间环境。

2. 处理好功能性与艺术性的关系

在设计领域，功能与形式的关系，一直是设计师关注的重点。园林景观设计既要重视功能、形式、设计的个性和风格，同时也不能忽视使用者的需要、价值观以及行为习惯。自从包豪斯设计理论问世以来，功能主义对设计领域产生了极大的影响，"形式服从功能"一时成了艺术设计诸多专业的座右铭。我们应该强调环境设计应从人们的行为出发，因为园林景观是为使用者建造的。从接受主义来看，设计作品作为一种文本，应从使用者的角度来填充和完成。因为只有通过使用者，才能实现设计作品的社会价值。其设计思想要遵循形式服从功能需求的现代主义设计原则，设计的实质是对生活的设计，通过设计的转化，把自然和艺术还原在生活之中。

正确处理功能和美学关系问题是对景观设计师的一大考验。加拿大的海滨聚石园在这方面设计比较成功，公园处于海港边沿，为了防止潮汐与冬季风暴的侵袭与保护海岸，公园步道靠海一侧必须建设防波堤。设计师在此专门设置了人工潮汐池和组石，重点处理了水岸和防波堤，以满足景观和功能的双重需求。当潮汐汹涌上涨时，人工潮汐池与大海连成一体，成为人们戏潮的场所；当海水退却，充盈海水的人工池又可使人回忆起涨潮的情境。聚石园大部分石块都错落有致、疏密相间地布置在水面较高的潮汐池中，也有少量被精心安置在防波堤上，组石的形式有效地解决了大堤的功能与美学的统一问题。此外，诸如查尔斯顿滨水公园、巴塞罗那的特里尼泰特立交公园、横滨美术馆前的广场公园，面积不大，制约条件也不复杂，但是其设计中对视线的安排、人的可达性、使用便捷程度、不同空间的区分等，都表现出对功能的充分考虑。

承德避暑山庄的水心榭设计实现了实用功能和造景功能的完美结合。水心榭建于清康熙四十八年（1709年），距今有近300年的历史。是避暑山庄较早营造的建筑之一，由康熙题名。榭，原指一种建在高台上的敞屋，木构建筑，只有楹柱，没有墙壁。古人说："土高曰台，有木曰榭。"后来将园林或风景区中，把基座一半在水上、一半架空的建筑称作水榭。水榭建于水边，既供人们休憩，又能眺望远处的景观，还可以近距离观水。承德避暑山庄的水心榭既是建在水中的高台上的房屋，也是建在银湖和下湖之间的一个水闸工程，由八孔石梁覆盖的石板作为闸板，控制着银湖的水位，以便在银湖中种植荷花。而水闸的上面则呈"一"字排开，建了3座凉亭，统称为

"水心榭"。水心榭建筑构思奇巧，可为游人遮风挡雨，提供休息、观景的场所，因为建筑位于水面上，左右房屋又相隔较远，所以其中十分凉爽，身在其中如沐秋凉，而且环境极其清幽。如果赶上湖面雾气升腾，则又是一幅朦胧的美景，不仅四周景物若隐若现，脚下水面烟波荡漾，亭中之人如入仙境一般。更令人惊叹的是它不仅外观别致精巧，周围景色优美，桥下还为水闸工程，实在不愧为理水和造景两者有机的结合。

应该指出的是，过分强调功能，会使设计缺乏人情味。尽管有些设计的功能较合理，设计尺度也不错，整个环境质量看上去很美观，但是人们在这种设计环境中仍感到不自在、不舒适。因此设计要充分体现功能性和艺术性的统一，做到在实用的同时，并不缺少美，将实用、美学和艺术品质达到高度的统一。

2.1.1.2 生态性原则

1. 尊重自然的准则

在园林景观设计中，生态的价值观是我们设计中必须尊重的观念，它应与人的社会需求、艺术与美学的魅力同等重要。生态性是指园林中各要素在改善周围环境如涵养水源、净化空气、水土保持方面所起的作用，强调人与自然的和谐关系。设计中，重视环境中的水、空气、土地、动植物等与人类密切关联因素的内在关系，注重设计中的规模、过程和秩序问题，对生态环境不断地给予深刻理解，在园林景观设计中予以重视并体现在具体措施和环节中。

从方案的构思到细节的深入，时刻都要牵系这一价值观念。以这一观念支撑生态景观的设计，在设计与生活时尊重自然带给我们的生命的意义，时刻有着关于尊重环境状况、理解自然的态度，合理运用自然因素、社会因素

某城市休闲广场景观

某大型园林外围景观带

来创造优美的生态平衡的人类生活景域。

具有大地雕塑之称的法国特拉逊·拉·维乐德尔公园可作为传统自然要素运用的典范代表，它高踞于特拉逊·拉·维乐德尔山坡上，浑然天成的地貌给人以不屑人工雕琢之感，仿佛稍加涂抹便可令其尽显风采。其地形、草地、森林、河流构成了园中诗般的意境，露天剧场、道路、堤坝等则体现了人类与自然的融合，桅杆、风铃、喷泉这些具有当地风情的细部如同画龙点睛般地透出场地的灵气。整体设计运用多种要素巧妙地体现了"造园如做诗"的境界。

2. 从自然中获得灵感

对自然的珍视和虔诚的热爱，可带给设计师丰富的设计灵感和创作源泉。很多接触的设计，其灵感都来源于大自然。好的园林景观设计作品应该"虽为人工，俨然天成"，设计师应该以自然为导师，从对自然的感受（声音的倾听和景观的阅读）中，形成通过设计的"有为"来达成对基地的看似"无为"的景观设计特征。把天然形成的风景转化为景观设计语言，自然本身自有其大美，人的活动应该在自然的背景下去完成。

3. 充分利用自然界原有资源

真正的园林景观设计并不是任意去破坏自然，破坏生态，而应充分发挥原有景观的积极因素，因地制宜，尽可能利用原有的地形及植被，避免大规模的土方改造工程，争取用最少的投入，最简单维护，尽量减少因施工对原有环境造成的负面影响，以人类的长远利益为着眼点，减少不必要的浪费，尽可能考虑物质和能源的回收和再利用，减少废物的排放，增强景观的生态服务功能。例如，德国柏林波茨坦广场地面和广场上的建筑的屋顶都设置了专门的雨水回收系统。收集来的雨水用于广场上植物的浇灌补充广场水景用水及建筑内部卫生的清洁等，有效地利用了自然降水。

4. 注重对自然的体验

现代人对自然的渴望尤为迫切，对自然的感受和需求也更为细腻和多

某度假酒店景观休闲广场

某广场景观水景

某公园休闲小溪景观

样。园林景观无论是花园还是公园，都是作为人们感受自然、与自然共呼吸的场所。天空的阴晴明暗、云聚云散，风的来去踪影，雨的润物无声和植物的季相变化，应该是设计时常常捕捉的对象并反映在设计中，让人们身处其中能真切地感受到这些微妙的变化，享受"天人合一"的美好境界。景观要反映人们对于自然与土地的眷恋和热爱，唤起人与自然的天然情感桥梁，强调人与自然的生态性联系。

　　例如，许多北欧景观作品都非常关注地面铺装的设计，运用多种材料拼出精美复杂的图案，雨天铺装图案鲜明突出；晴天铺装图案淡雅含蓄。在北欧国家潮湿多雨、天气变幻莫测的情况下，铺装图案的不同效果反映了不同的天气状况。一些景观设计师，如丹麦的 S.L. 安德松（Stig Lennart Andersson）常常在作品中设计一些浅浅的积水坑，不仅在下雨的时候能积聚少量的雨水，又能在放晴后倒影天空的变化，从而感知自然。

某公园景观小品

2.1.1.3　文化性原则

　　文化性是指园林中各要素所体现的具有地域特色的历史文化的延续，是园林景观设计通过隐喻与象征等手法传达出的文化内涵。即使同样的使用功能，因其地域、文化、气候、适用对象等的差异而对其园林景观设计提出不同的要求。

1. 体现民族传统地域性准则

　　随着经济的发展，城市规模的扩张，保持地方历史性、文化性和自然地理特质显得具有深刻的时代价值。

　　园林景观设计应根植于所处的地域。地域性准则是在对局部环境的长期

某休闲度假区景观

体验中，在了解当地人与自然和谐共处的模式的基础上做出的创造性设计。遵循这一原理主要表现为：尊重地域的精神和建材等，创造具有自然特征、文化特征的景观，突出地方文化与地域特征。

例如，北欧的设计师善于从各自的民族传统和自然环境中汲取设计灵感、提炼设计语言，通过与现代设计的结合，形成地方主义的特色。尽管有强国的入侵，世界流行风格也在不断变更，但斯堪的纳斯维亚景观设计几十年来坚持走自己的道路，设计师常常采用自然或有机的形式，以简单、柔和的风格，创造出富有诗意的园林景观，以朴素自然、温馨典雅和功能主义的简洁风格赢得了人们的尊敬。

2. 独特的文化内涵

现代设计师应当从时代特征、地方特色出发，顺应文脉的发展，发展适合自己的风格。人类所生存的环境包括园林中的花草树木等，均能唤起人类强烈的情感和联想。设计师在作品中，通过精心的艺术构思，表达出心中理想的感念，引起人们的共鸣。这种具有深层内涵的园林景观的价值，就在于人们通过所获得的心灵感应，传达了人们对环境的联想。这种联想唤起了人们已失去的感觉，并通常附加了一些丰富性、奇想甚至幽默。就像法国宫廷花园壮丽的轴线诞生的原动力来自于现实路易帝皇控制与征服力量的强烈意愿，浓郁氛围的日本庭园产生于精心的维护和一系列复杂的文化背景，意大利城市广场特色源于富有生气的社会生活方式等。像拙政园、网师园等我国的许多优秀的园林都是我们学习和借鉴的榜样，这些园林景观不仅富有自然界的生命气息，具有符合形式美规律的艺术布局，而且还能通过诗情画意的融入、景物理趣的构思，表达出造园者对社会生活的认识理解及其理想追求，其景观除了具有一般外在的形式美之外，还蕴涵着丰富深刻的思想和文化内容。

现代园林景观通常是城市历史风貌、文化内涵集中体现的场所。其设计首先要尊重传统、延续历史、文脉相承，对民族文化要深入研究，取其精华，使设计富有文化底蕴。中国的景观设计思想源于中国传统文化。皇家园林、宫殿建筑是受儒家思想影响的最具典型性的景观，儒家思想影响下的园林景观设计一般都具有严格的空间秩序，讲究布局的对称与均衡。其中故宫是现在保存下来的规模最大、最完整，也是最精美的贡献景观建筑，主要建筑严格对称地布置在中轴线上，体现了封建帝王的权利和森严的封建等级制度。道教思想影响下的中国古代园林景观设计体

某高级酒店休闲区景观

现了"天人合一"的文化底蕴。如天坛、江南园林等，充分展示了中国古代园林景观设计的群体美、环境美、亲和自然的理想境界。其次，设计在继承和研究传统文化的基础上，又要有所创新，因为人们的社会文化价值观念又是随着时代的发展而变化的。

2.1.1.4　形式美原则

形式美法则是人类在创造美的形式、美的过程中对美的形式规律的经验总结和抽象概括。主要包括：对称均衡、单纯统一、调和对比、比例、节奏韵律和多样统一。研究、探索形式美的法则，能够培养人们对形式美的敏感，指导人们更好地去创造美的事物。掌握形式美的法则，能够使人们更自觉地运用形式美的法则表现美的内容，达到美的形式与美的内容高度统一。

1. 统一与变化

统一意味着部分与部分及整体之间的和谐关系，变化则表明其间的差异。变化和统一是形式美的最基本规律，具有广泛的普遍性和概括性。统一应该是整体的统一，变化应该是在统一的前提下的，有秩序的变化。变化是局部的，过于统一易使整体单调乏味、缺乏表情，变化过多则易使整体杂乱无章、无法把握。因此，一个优秀的园林景观设计在具备统一性的同时，离不开景物的变化性。变化统一是一切优良景观均具备的属性和境界。应巧妙处理它们之间的相互关系，以取得整齐、简洁、秩序而又不至于单调、呆板。

颐和园排云殿在形式美方面体现了整齐中富有变化的设计原则。由佛香阁俯瞰排云殿建筑群，德辉殿、排云殿、排云门整齐地排列在一条轴线上，远近高低，大小参差，各不相同，齐整中又有变化。院落中殿侧植有苍松翠柏，肃穆宁静，冬日被白雪覆盖，各殿的黄色琉璃瓦上洁白一片，建筑景致更显纯净优美。

强调是实现园林景观统一变化的必由途径。在设计中一定要强调重点，讲求主次之分、主从协调，才能确保游人的情绪在有张有弛的节律中得到放松和享受。同时，丰富多变的重重悬念能鼓起游人继续游览的浓厚性质。

2. 对比与相似

相似是有同质部分组合产生的，这种格调是温和的、统一的，但往往变化不足，显得单调。对比是异质部分，

某公共建筑外围景观墙

组合时，由于视觉强弱的结果产生的，其特点与相似相反。形体、色彩、质感等构成要素之间的差异是设计个性表达的基础，能产生强烈的形态感情，主要表现在量（多少、大小、长短、宽窄、厚薄）、方向（纵横、高低、左右）、形（曲直、钝锐、线面体）、材料（光滑与粗糙、软硬、轻重、疏密）及色彩（黑白、明暗、冷暖）等方面。同质部分成分多，相似关系占主导；异质成分多，对比关系占主导。相似关系占主导时，形态、色彩、质感等方面产生的微小差异称为微差。当微差积累到一定程度后，相似关系便转化为对比关系。

园林景观设计中，相似手法的运用易于达到整体的统一，尤其是长于表现含蓄、优雅、静谧的空间氛围，其共性多于差异性。对比手法是实现园林景观设计多样性的重要途径。正是有了对比的运用，才使世界变得丰富而精彩。相似与对比其实是景物间微小的差异由量变的积累达到质变的不同程度的变化结果。

紫禁城御花园内亭子的布局成功体现了对比与相似的美学原则。紫禁城御花园内亭、台、楼、阁众多，其中仅亭子就有御景亭、万春亭、千秋亭、澄瑞亭、浮碧亭、玉翠亭、凝香亭、井亭等多座。这些亭子也像园内其他重要建筑一样，采用左右对称式布局。其中，园内东西两侧的中部各有一座，东侧称"万春亭"，西侧为"千秋亭"。两亭不但对称，在形制上也极为相似，并且同建于明嘉靖十五年（1536年）。千秋亭、万春亭北边为对称而立的澄瑞亭、浮碧亭，两者形制也相仿。由此再往北，在御花园的东北角和西北角也各有一亭，一为玉翠亭，一为凝香亭，两者也相对而设。凝香玉翠之间、顺贞门内东侧建有御景亭，西面虽没有对应建一座亭子，但相对建有一座楼阁，即延晖阁。千秋、万春亭的南面不远各建一座井亭，从总体布局和大体位置上来说，也取对称之势。整个御花园亭与亭之间既有相似之地，又有独特之处。互补的手法在古典造园大师的设计中也得到广泛使用，如将粗糙与光滑、垂直与水平、石与水、山丘与平原形成对比；远与近、流动的与固定的、相似的与陌生的、亮与暗、实与空、古与新，都可以放在一起形成对比。

3. 比例与尺度

凡是造型艺术都有比例问题，比例是使得构图中的部分与部分或整体之间产生联系的手段。在自然界或人工环境中，凡是具有良好功能的事物都具有良好的比例关系。不同比例的形体具有不同的形态、情感，园林景观场所中，各要素间保有良好的比例关系，能给人以赏心悦目的视觉感受。对园林布局来说，决定比例的因素很多，

某大型公共建筑

比例是受工程技术、材料、功能要求、艺术的传统和社会的思想意识以及某些具有一定比例的几何形状的影响。良好的比例关系可以通过多种渠道获得。千百年来，世界各国的人们通过长期的审美实践，积累了许多宝贵经验，借鉴前人的经验是十分有效的途径，如著名的黄金分割定律、等比数列等。

尺度是按人的高低和使用活动要求来考虑的，道路、广场、草地等则根据功能及规划布局的景观确定其尺度。园林中的一切都是与人发生关系的，都是为人服务的，所以要以人为标准，要处处考虑到人的使用尺度、习惯尺度及与环境的关系。

比例与尺度受多种因素和它们的变化所影响，典型的例子如苏州古典园林，是明清时期江南私家山水园，园林各部分造景都是效法自然山水，把自然山水经提炼后缩小在园林之中，建筑道路曲折有致，大小合适，主从分明，相辅相成，无论在全局上或局部上，它们相互之间以及与环境之间的比例尺度都是很相称的，就当时少数人起居游赏来说，其尺度也是合适的。但是现在随着旅游事业的发展，国内外旅客大量增加，游廊显得矮而窄，假山显得低而小，庭院不敷回旋，其尺度就不符合现代功能的需要。所以不同的功能，要求不同的空间尺度，另外不同的功能也要求不同的比例，如颐和园是皇家宫苑园林，为显示其雄伟气魄，殿堂山水比例均比苏州私家古典园林为大。

4. 对称与均衡

均衡是部分与部分或整体之间所取得的视觉力的平衡，有对称和不对称平衡两种形式。前者是简单的、静态的，后者则随着构成因素的增多而变得复杂，具有动态感。

对称平衡从古希腊时代以来就作为美的原则，应用于建筑、造园、工艺品等许多方面，是最规整的构成形式，对称本身就存在着明显的秩序性。通过对称达到统一是常用的手法。对称具有规整、庄严、宁静及单纯等特点，但过分强调对称会产生呆板、压抑、牵强、造作的感觉。对称之所以有寂静、消极的感觉，是由于其图形容易用视觉判断。见到一部分就可以类推其他部分，对于知觉就产生不了抵抗。对称之所以是美的，是由于部分的图样

某大型公共建筑户外景观

经过重复就组成了整体，因而产生一种韵律。对称有三种形式：一是以一根轴为对称轴，两侧左右对称的轴对称多用于形态的立面处理上；二是以多根轴及其交点为对称的中心轴对称；三是旋转一定角度后的对称的旋转对称，其中旋转 180° 的对称为反对称。这些对称形式都是平面构图和设计中常用的基本形式。

不对称平衡没有明显的对称轴和对称中心，但具有相对稳定的构图重心。不对称平衡形式自由、多样，构图活泼、富于变化，具有动态感。

对称平衡较工整，不对称平衡较自然。在我国古典园林中，建筑、山体和植物的布置大多都采用不对称平衡的方式。推崇的不是显而易见的提议，而是带有某种含混性、复杂性和矛盾性的不那么一眼就能看出来的统一，并因而充满生气和活力。

5. 节奏与韵律

几乎所有艺术形式都离不开节奏与韵律的充分使用，而园林景观设计中的节奏与韵律的使用是有别于其他艺术活动的，如色彩的强弱，造型的长短，林间的疏密，植株的高低，线条的刚与柔，曲与直，面的方圆，尺寸的大小，交接上的错落与否等组合形式的运用。节奏也是一种节拍，是一种波浪式的律动，当形，线，色，块整齐的而条理的同时又重复的出现，或富有变化的排列组合时，就可以获得节奏感，广义上的韵律也是一种和谐。

节奏与韵律园林景观空间中常采用简单、连续、渐变、突变、交错、旋转、自由等韵律及节奏来取得如诗如歌的艺术境界。

简单韵律是由一种要素按一种或几种方式重复而产生的连续构图。简单韵律使用过多易使整个气氛单调乏味，有时可在简单重复基础上，寻找一些变化。创造具有韵律和节奏感的园林景观，如等距的行道树、等高等间距的长廊、等高等宽的爬山墙等，即为简单的韵律。

渐变韵律是由连续重复的因素按一定规律有秩序的变化形成的，如长度和宽度依次增减或角度有规律的变化。交错韵律是一种或几种要素相互交织、穿插所形成的。两种树林反复交替栽植，登山道踏步与平台的交替排列，即为交替规律。由春花、夏花、秋花或红叶几个不同树种组成的树丛，便形成季相韵律。中国传统的园路铺装常用几种材料铺成四方连续的图案，游人一边步行，一边享受这种道路铺装的韵律。一种植物种类不多的花境，按高矮错落作不规则的重复。花期按季节而此起彼落，全年欣赏不绝，其中高矮、色彩、季相都在交叉变化之中，如同一曲交响乐在演奏，韵律感十分丰富。一个园林的整体是由山水、树木、花草及少量的园林建筑组成的千姿百态的园林景观，尤其是自然风景区更是如此，其可比成分比较多，相互交替并不十分规则，产生的韵律感，像一组管乐合奏

某高档住宅小区园区景观

的交响乐那样难以捉摸，使人在不知不觉中得到体会，这种艺术性高且比较含蓄的韵律节奏，耐人寻味，引人入胜。

2.1.1.5 以人为本的原则

1. 宜人性原则

园林景观设计中所有要素的安排都围绕着场所中的主体——人的需要而展开。主体通过对客体的一系列体验从而唤起主体精神上的愉悦，获得美好的感受。宜人性及所有的要素安排都适宜该主体在该场所中完成预想的一系列活动和体验，并获得身心的愉悦。

功能性原则确保了人们特定行为的发生，而宜人性原则体现了人们对于更加美好舒适的生活方式的追求及较高生活质量的要求，更加关注园林景观场所中的主体的感受。宜人性是园林景观设计中必须把握的一项原则。

宜人性的实现要求园林景观设计师对于人性的敏锐洞察，对于人们日常生活长期的细心观察和积累，对于建筑学、心理学、行为学及色彩学等众多学科知识的综合了解。

我国著名的乾隆花园设计充分体现了这一原则，其设计将使用者性情与园林景观风格完美统一起来，满足并体现了使用者的精神文化需求。乾隆花园也就是宁寿宫花园，位于宁寿宫的北面，清乾隆三十七年（1772年）建置，面积约有 6000m²，是乾隆在位时拟定退位后供他养老休憩之处。花园采用一条线布局，最南端的大门名衍祺门，进门即为假山，堆如屏障。绕过假山，迎面正中为敞厅古华轩。轩前西南是襖赏亭。古华轩向北过垂花门即为遂初堂院落，院内空间开敞，不堆山石少植花木。遂初堂后第三进院落格调突然一变，不但正厅建成两层的萃赏楼，而且院内堆叠山石、植高大的松柏低矮的灌木，并于山石上建小亭辟曲径，宛若一处独立的小园林。因中轴线较前院东移，便在西面建配楼延趣楼，东边建单层的三友轩。第四进院落

某自然生态园林景观

某小区景观休闲区

主体是高大方正的重檐攒尖顶符望阁，其院中假山堆叠，较前院更为高峻，上植青松翠柏，中建碧螺亭。符望阁后即为倦勤斋。乾隆花园完全遵照乾隆的旨意营造，既具皇家园林的特色又有江南小园的美妙，装饰以松、竹、梅三友为主，分布错综有致，间以逶迤的山石和曲折回转的游廊，使建筑物与花木山石交互融合，意境谐适，这都反映了乾隆皇帝的性情爱好。

2. 注重人情味

深感孤独的现代人在内心深处其实更渴望相互间的交往和沟通，设计应顺应这一愿望，给人们交往提供良好的空间和氛围，在设计时要体现一切设计都以人为本的原则。如设计中运用人体工程学，充分尊重人体的尺度和人的活动方式，使作品表现舒适和亲切的内涵。质感是材料肌理和人的触感的基础，重视作品材料的触觉感受，讲究作品使用的舒适度，通过材料的精心选择和运用，把冰冷变为温馨，让设计充满人情味和美学品质。

2.1.1.6　时代性原则

时代的发展使得园林景观从功能需求到文化思想都发生了变化，改变着今天的园林景观设计的面貌。尤其在今天文化多元化的时代，给景观设计提出了一些新的要求，设计更要讲求创新及多样性，充分考虑时代的社会功能和行为模式，分析具有时代精神的审美观及价值方式，利用先进成熟的科学技术手段来进行富有时代性的园林景观设计。

1. 多种风格的展现

风格是指园林景观设计中表现出来的一种带有综合性的总体特点。园林景观风格的多样性体现了对社会环境、文化行为的深层次理解。由于人们对园林景观的需求是多样化的，所以园林景观设计需要多种多样的不同风格。在多种艺术思潮并存的时代，园林景观设计也呈现出前所未有的多元化与自由性特征。折中主义、新古典主义、解构主义、波普主义及未来主义都可以成为设计思想的源泉，形成多种风格的并存。

风格是识别和把握不同设计师作品之间的区别的标志，也是识别和把握不同流派、不同时代、不同民族园林景观设计之间的区别的标志。就设计作品来说，可以有自己的风格；就一个设计师来说，可以有个人的风格；就一个流派、一个时代、一个民族的园林景观来说，又可以有流派风格、时代风格和民族风格。其中最重要的是设计师个人的风格。设计师应当从时代特征、地方特色出发，发展适合自己的风格。设计师个人创作风格的重要性日益凸显，有自己的设计风格，作品才有生命力，设计师才有持续的发展前景。

2. 形式的多样化

首先表现为设计要素的多样化。在园林景观设计中，由于建筑外部空间、建筑内部空间、室外空间及自然环境空间等相互融合与渗透，园林景观成为人们室内活动的室外延伸空间。设计师逐步探索，将原来用于建筑效果、室内效果的材料与技术用于园林空间。当代设计师掌握了比以往任何时期都要多的材料与技术手段，可以自由的运用光影、色彩、音响、质感等形式要素与地形、水体、植物、园林小品等形体要素来创造新时代的园林景观。

将地形等自然要素创新运用，同样是公园设计形式多样性的源泉。比如加强地形的点状效果或是突出地形的线形特色，以创造如同构筑物般的多种空间效果，或将自然地形的极端规则化处理。如克莱默为1959年庭园博览会设

某公园景观

计的诗园，通过运用三棱锥和圆锥台形组合体使得地形获得如同雕塑般效果，形成了强烈的视觉效果。再如喷泉也发生了变革，相信那些由电脑调节造型、控制高度、形态变化多端的旱喷泉较之于传统的喷泉更别有一番情趣。

3. 追求时代美学和传统美学的融合

面对园林景观设计中不断涌入的各种艺术思潮和主义，一个清醒的设计师应该认识到：景观艺术风格不是单纯的形式表现，而是与地理位置、区域文化、民族传统、风俗习惯及时代背景等相结合的客观产物；设计风格的形成也不是设计师的主观臆断行为，而是经过一定历史时期积淀的客观再现；园林景观艺术风格的体现要与景观的主题、景观功能、景观内容相统一，而不是脱离现实的生搬硬套。应将时代与传统美学相结合，追求和谐完美为设计的主要目标。现代的园林景观艺术已经逐渐凝结了融功能、空间组织和形式创新为一体的现代设计风格。

某广场中心螺旋水景观

2.1.2 场地设计的基本方法

场地的合理规划应主要考虑以下内容：在场地调查和分析的基础上，合理利用场地现状条件；找出各使用区之间理想的功能关系；精心安排和组织空间序列。

中式风格园林景观

某主题公园景观

2.1.2.1　基本面的考察

场地分析是园林景观用地规划和方案设计中的重要内容。方案设计中的场地分析包括场地自然环境条件分析（地形、水体、土壤、植被、光线、温度、风、降雨、小气候）和场地人文环境分析（人工设施、视觉质量、场地范围及环境因子）等现状内容。详细内容见第一章相关章节及场地评价图。

2.1.2.2　立意

随着对场地现状及周边环境的深入了解和分析，以及对使用对象、使用功能以及使用方式的确认，基地的用地性质便自然得以确定。用地性质一旦确定，设计师应根据该性质要求的环境氛围的基调结合适用人群的文化层次及文化背景所对应的精神层面的需求，充分挖掘场地中一切可以利用的自然和人文特征，融合提炼，赋予该园林景观场地一个富有意境的主题，随之围绕该主题来确定布局形式，继而展开后续的设计工作，即所谓的"设计之始，立意在先"。立意是谋篇布局的灵魂，是一个优秀的园林景观场所特色鲜明、意境深远、主次有序的保障。在一项设计中，方案构思往往占有举足轻重的地位，方案构思的优劣能决定整个设计的成败。一个缺乏主题立意的设计，好像一盘散沙，即使百般使用技巧，也往往会形散神乏，流于直白。

好的设计在构思立意方面多有独到和巧妙之处。直接从大自然中汲取养分，获得设计素材和灵感，是提高方案构思能力、创造新的园林景观境界的方法之一（例如古典园林、经典园林）。

2.1.2.3　功能分区

园林景观场地因其各不相同的用地性质而会产生不同的功能需求。通过对林林总总的园林景观场地功能进行整理归类，一般说来，园林景观场所通常包含着动区、静区、动静结合区、后勤管理区域和入口区域等五大类功能区域。当然，并非所有园林景观场地均包含五大功能区，这是因其具体用地面积的大小和用地性质而决定的。但一般至少包含两类以上的功能区域。所谓动区，是指开放性的、较为外向的区域，适于开展众多人群共同参与的集会、运动或是带有表演、展示性的各类活动；静区，是指带私密性的，较为内向性的区域，适合如休憩、静思、恋人漫步、寻幽探胜及溪边垂钓等少量人流或个体远离尘嚣行为的发生；动静结合区，是指动静活动并列兼容于同一区域或同一区域在不同的时间段产生时而喧闹时而宁静的空间氛围，如大片的草坪空间，当阳光灿烂的

某公园活动中心景区

春日，一群人来此聚餐、游戏、踏青的时候，它是热闹的、喧哗的，可当人群散去之后，它则呈现出格外宁静的氛围。又如柳枝婆娑的湖岸，常给人以平静深远之感，但节日里的龙舟大赛，又使其成为人头攒动的欢乐的海洋；入口区域因主次之别而可繁可简，通常兼有多重功能，如对游客的礼节性功能、人流集散功能、停车区域、对内部景观气质的暗示等。

在园林景观设计过程中，应将具体功能对应五大功能区域进行归类整理，使动静区域相对独立，自然衔接和过渡。管理区域可设在临近主要出入口且又相对隐秘之处。

初学者在设计场地时，往往先构思如何对现有场地中的具体要素进行改进。实际上，由于此种方法对现有空间缺乏整体性考虑，没有真正地对场地布局进行重新构思、重新设计，所以其结果往往平淡、呆板。

如果设计师运用抽象图形进行构思和布局，可能会使设计另辟蹊径，灵感迸发，创作出前所未有的设计作品。抽象画往往有多种含义和解释，一旦学会以抽象图形的方式来表达和思考，就能以新的方式设计园林景观了。

将图案与方格网结合起来考虑，就能确定构图主题是基于圆形、对角线还是矩形，再将构图主题与场地设计结合，充分发挥空间想象力，考虑各个元素在场地中的三维空间关系，然后进行布局。同时要注意光影对空间气氛的塑造。

对场地各要素及其之间的比例和尺度，要加以查验，使人体尺度与开阔的户外环境有机联系起来。例如，场地中台阶的尺度，要比室内台阶的尺度大得多，在本阶段，也要考虑软、硬地面材料的选用。一般而言，场地中软质景观（草坪、水体和种植）占 1/3 或 2/3 的比例是比较合适的。

水是最吸引人的景观元素。在设计之初，就要考虑如何运用水，让水景与其他元素更好地融合，并注意水景与场地其他部分的尺度关系。

考虑好以上因素之后，将设计重点放在场地的地平面设计上，注意要为露台、园路留下足够的空间，并通过竖向要素设计来丰富景观。此时，就能检验出先前的构想是否有疏漏，并进一步优化它们，形成一个初步的园林景观布局规划。

2.1.2.4　确定出入口的位置

园林景观场地的出入口是其道路系统的终点和起点。出入口的设置应在符合规划、交通管理部门的有关规定的前提下，结合用地性质、开放程度和用地规模而定。

1. 封闭型景观场地

如公园、休疗场地等，可以设置若干个出入口，具体数量视公园面积大小及周边地区人流进入的便利性而定。

某城市休闲广场

某景观度假圣地入口

但其主入口应设在主要人流进入的方位，且设置足够面积的广场，以供集中人流的缓冲和集散之用，并应在其附近开辟配套的停车场。封闭型公园，其行政管理区域，还应该设置直通外部的后勤专用出入口，以方便对外联系和交流。

2. 开放型景观场地

对应其开放型特征，应多设出入口以便于更多游人的进入和参与。虽然在形式上会有主次出入口之分，但在各出入口均应考虑设置一定量的停车场。

2.1.2.5 景色分区

园林景观场地中，拥有具有一定游赏价值的景物，且能独自成为一个景观单元的区域，被称为景点。若干较为集中的景点组成一个景区，景点可大可小，大的可由地形地貌、建筑、水体、山石、植被等组成一个较为完整而又富于变化的、供人游赏的景域。小的可由一树、一石、一塔、一亭等组成。景区是景观规划中的一个分级概念，并非所有园林景观设计都设景区，这要视其用地规模和性质而定。一般规模较大的公园、风景名胜区、城市公共景观区域等，都由若干个景色各异、主次各有侧重的景区组成。

从心理学和艺术设计角度来看，在园林景观艺术设计的过程中，一个人气旺盛的景观场地也要求具备各具特色、景色多样的景观区域，方可达到既满足不同人群的需要，又能调动游客的游兴等目的。景色分区虽与功能分区有所关联，但它比功能分区更加细腻，使游客更能获得心灵的享受。

景点之间、景区之间，虽然具有各自相对的独立性，但在内容安排上，应有主次之分。景观处理应相互烘托，空间衔接应相互渗透且留有转换过渡的余地。

2.1.2.6 视线组织

在游览园林景观设计中，良好的视线组织是游人感知诗情画意的重要途径。设计师应着力开辟良好的视景通道，在游客驻足处为其提供宜人的观赏视角和观赏视域，从而获得最佳的风景画面和最高境界的艺术感受。视线组

某休疗中心景观

织的安排可从景序和动线组织的巧妙布置来完成。

人在景观场所中的活动，除了三维空间之外，还穿插了时间轴纬度。通常有起景、高潮、结景的序列变化，即景序。当然，景序的展开虽有一定规律，但不能过于程式化，要根据具体情况有所创新和突破，才能创造出富有艺术魅力、引人入胜的景观。

动线组织即游览线路的组织，游览路线连接着各个景区和景点，它和户外标识系统共同构成导游系统，将游人带入景观场地中，使预先设计好的景序一幕幕的展现在游人面前。动线组织通常采用串联或并联的方式，一般规模较小的场地中，为避免游人走回头路，多采用环状的动线组织，也可以采用环上加环与若干捷径相结合的组织方式。对于较大规模的风景区域的规划设计，可提供几条游览线路供游人选择。鉴于游人有初游者和老游客之分，老游客往往需要依据个人的喜好直奔某一景点，而初游者则要依据动线组织做较为系统的游览。因此，需要设计一系列直通各景区、景点的捷径，但捷径的设计必须较为隐秘，以不干扰主导游览线路为前提。动线组织或迂回，或便捷，均取决于景序的展现方式，或欲扬先抑、深藏不露、出其不意，或开门见山、直奔主题，或忽隐忽现、引人入胜，使景序曲折展开。

2.1.2.7 多做方案进行比较

根据特定的场地条件和设置的内容，多做些方案加以比较，是提高设计方案质量的一种方法。方案应有创造性，各个方案应各有特点和新意，不能雷同，因为解决问题的途径往往不只一条，所以不同方案在处理某些问题上也应各有独到之处，应尽可能的权衡诸方案构思的前提下，定出最终的合理方案。可以以某个方案为主，兼收其他方案之长；也可以将几个方案在不同方面的优点综合起来。

多做方案加以比较还能使设计者对某些设计问题做较深入的探讨，使设计师在设计语言和造型方面做新的探索，这对设计方案能力的提高、方案构思的把握以及方案设计的进一步推敲和发展都十分有益。

2.2 平面设计的技巧（场地布局平面图的绘制）

园林景观设计离不开图示语言，图示可以起到交流思想、解决问题以及记录信息的作用。图示表达的目的在于有效表达和交流你的设计思想，而并非需要完成多么精美的手绘作品。做好场地设计的合理规划后，这里将介绍设计园林景观平面所要掌握的绘图技巧。

2.2.1 平面图绘制技巧（平面图制图规则）

第 1 章所绘制的四种平面图——场地测量、场地分析、场地评价和概念草图——作为过程图纸，只有设计者本人会用到，而以其为基础的场地布局平面图因为要向委托方展示、供承包方使用或者自己留存，所以应该整洁、条理清晰的绘制在硫酸纸上。为了使设计过程中平面图保持一致，这张平面图经常要复印几份供下个阶段的工作使用（A2 是最适合的图纸尺寸，因为再大的图纸复印、晒图不太方便）。

2.2.1.1 图纸版式

虽然建筑绘图纸成品很容易买到，但为了获得专业的图面效果，最好是自己设计图纸的版式。图纸应包括如下内容：场地平面图、图题栏（包括业主和设计师的姓名、图纸的标题以及数字比例尺）、备注栏（用来填写备注信息）、指北针、比例尺及图框。

图题栏、指北针、比例尺应该位于图纸的右下方，从而在图纸折叠时，也便于查阅。

场地平面图应该位于图纸的中部，并留有足够的空间来标注相关信息。尽可能按照日常观赏的方向来绘制场地平面图。

2.2.1.2 图题栏及其中的文字

图题栏的尺寸取决于信息的组织方式、字号、字体等因素，而且应与整个图纸大小保持一定比例，最宽不得超过 150mm，应该包括以下信息：

（1）设计方名称、标识、地址、电话、传真、移动电话和电子邮箱（这几项也可以单独印出来，对折后作为名片使用）。

（2）委托方名称、姓名、地址。

（3）图纸名称（例如场地平面图、种植规划图、视觉分析图等）。

（4）比例尺。

（5）图纸序号（所有图纸都按照序号排列）。

（6）设计变更或修订，按照顺序编号。

（7）制图者（最初制图者，有时一幅图纸可能由多人完成）。

（8）免责声明。

（9）版权声明（版权声明表明未经作者许可，不得使用或复制其作品，用来保护设计师的权利。在为委托方设计园林景观时，其中特别重要的是要包括免责声明，即"所有的设计尺寸必须与现场核对，准确后，方可确定，而不得直接从图纸量取"。这样明确了承包商在投标或者施工前需校验尺寸）。

图题栏应该有设计师自己的标识和风格，如使用设计师喜好的字体，简洁、明晰的风格通常最为有效。图题栏可以设计成专门的艺术品，然后再放在备注栏和图框旁边。

图题栏中的文字及平面图中的标注可以用模板、字母不干胶、手写或者计算机来完成，字迹务必整洁易读，因为文字也是整体视觉效果的一部分。字体种类繁多，要应用最合适的字体。

保持字体、字间距、行间距和风格的一致是非常关键的。用模板或直接手写时，为了便于对正文字，可以在图纸下面衬上一张有横格的纸。如果绘图纸下面没衬有横格纸，可以用铅笔绘制辅助线，以确保字符都是相同的高度。铅笔书写时，要轻重均匀，自上而下书写，以避免弄脏图纸。用小三角板压在平行线上，以保证垂直于水平辅助线书写。

最好选择一种适合自己的字体，以清晰、一致和易读为目标，可以尝试不同的技巧，尤其是在图题栏时。使用模板时，用一只手按住模板，使其紧贴在丁字尺上。尽量保持相同的字符间距，以较小的字符间距书写更容易做到排布均匀。

2.2.1.3　备注栏

备注栏通常放在图题栏上方，里面有对图纸的额外补充说明，如设计意图、硬质景观或种植数量等。

2.2.1.4　图框

图框将会让图纸看起来更加专业，犹如绘画作品的画框或照片的相框那样。图框能使人的注意力集中在绘图区域。

图框用绘图墨水以较粗的线条（0.5mm 或 0.7mm）沿图纸四周绘制，据图纸边缘留出约 10mm 的距离。图框可以采用直线、双线或图案形式，也可以略微丰富细部来强调视角。图框可以用手绘也可以用计算机绘制。要多尝试不同图框的效果，简单清晰的图框最好能与大部分园林景观设计风格相协调，慎用奇特或太过新颖的图框。设计图框的目的在于使绘图区更突出，而不是喧宾夺主。

2.2.1.5　图形符号

平面图中，使用不同的符号表示场地现有的或设计中出现的元素。符号应按比例绘制，其繁简程度应由时间和经费预算决定。设计师要经常翻看书籍或杂志上的园林景观设计图，留意别人如何使用符号来表示硬质景观和植物等元素的。下面介绍园林景观设计中常用的设计符号：

1. 建筑墙体

门、窗使园林景观与建筑联系起来并融为一体，所以绘制建筑墙体时，门窗的位置一定要精确。建筑墙体通常是 300mm 厚，这个厚度应在平面图中表现出来，以 1 ： 100 或更小的比例绘图时，通过墙线涂黑或使用粗实线以突出建筑。

所有表示竖直面的线条，如树冠、自立墙、坐凳、立柱、花架廊和拱门等，如以加粗方式绘出，可以增加平面图的深度感，使之更容易理解。

墙体、栅栏或绿篱等边界的宽度也要按比例绘出。

2. 绘制自立墙

绘制墙体最简单的方法就是用双线绘制墙线并标出材料。如果要表现更多细节，例如压顶等只需绘制出局部即可。

3. 铺地和地面材料

绘制铺装区域时，不必画出全部铺装图案，图上过多信息反而容易混乱。有一张按照大比例尺绘制的单独一块铺地详图即可。各个区域的铺装材料要标示清楚，可以用不同颜色来区分不同的铺装。

4. 乔木和灌木

利用个性化的轮廓表示种植区域，植物的枝叶常常悬出植床之外。通过在图上隐藏植床边界，把这种悬出效果表达出来，平面图会显得更加逼真，具体将在后面章节做出详细介绍。

2.2.2 平面构图设计

硬质景观与植物组成了园林景观。从最抽象角度而言，园林景观也可以看作是有线条和图形组成的图案。在深入设计具体的元素和细部之前，首先要考虑如何运用形状、线条和图案创造不同特点和风格的园林景观。

2.2.2.1 形态的尝试

在园林景观设计构图中，最常用的两种几何图形是圆形和方形，或是两者的局部。圆形构图表示圆居于构图的主导地位。圆形结构由完整的圆组成。同样的，直线式构图中，矩形或部分矩形居于构图的主导地位，这些矩形又由若干的方形组成。斜线式构图主要也是正方形和长方形的组合，不同的是，这些矩形与建筑或现有的露台呈斜角，从而形成很强的导向性。

如何利用并组合不同的形状，创造出生动的构图关系，是形成鲜明个性的关键所在。因此，要仔细揣摩不同的图形和构图主题，确定哪些元素在设计中起主动性的作用。在进行图形组合时，尽量使之对齐以形成紧密的联系。

图形之间要有明显的关系，避免不明确的交角，直线与圆应以垂直或相切两种方式相交。当叠加大小不同的圆形时，尽量要让小圆的圆心位于大圆的圆周上。如果做不到，圆与圆之间应有充分的重合。相切的一组圆通过边缘的内外交错，连接成"S"形或反"S"形的曲线图案，要使曲线的转折自然、圆润。

2.2.2.2 图案的尝试

以网格为基础设计图案是一种很好的设计方法。网格有助于控制各图案的大小和形态，使其互相协调。研究如下的图案并注意不同图案有着不同的品性：静态的图案给人以稳定、宁静的感觉；动态的图案给人以变化、惊异和兴奋感。在园林景观设计阶段，要思考如何应用不同品性的图案来赋予空间秩序感、自然感或奔放感。

还要注意图形既有方向感也可以形成错觉。例如，纵深向的直线使空间显得更长，而水平向的直线使空间感觉更宽。

2.2.2.3 增加立体感

将图案的一些区域涂黑后，会形成清晰的图底关系，或者说，实体与虚空的关系。图案自然就会呈现出立体感，有助于视觉化表达园林景观平面的构成。实体与虚体部分在设计中同样重要，两者的相互关系形成了园林景观的特征。涂黑区域代表物质实体，如栽植、圆凳、花坛等，而空白区域代表园林景观地面，如草坪、铺装或者水池。

用网格作参照进行设计，可以增加场地的秩序感。参考网格要根据重要的建筑元素，如门窗和房屋转角等绘制。绘制在网格上的图案逐步形成了园林景观平面，形成了合理有效的园林景观布局结构。

2.2.2.4 图案与园林景观设计

设计园林景观时，试着在场地范围内创造有趣的图案。图案的形态将会成为园林景观平面布局的结构。通常，园林景观的结构主要是由硬质景观，如园路、铺装、台阶和墙体组成。这些元素通常比软质景观更具有耐久性也更昂贵。因此，园林景观布局的图案必须考虑实际情况。虽然植物在生长过程中，会超过原先的边界，向园路和铺装伸展，使图案的边界模糊，但是图案的结构没变。所以，园林景观仍保持原有的秩序。

2.2.2.5 不同场地的参考网格

以上列举的所有图案都是针对孤立的抽象空间，但是园林景观很少是孤立存在的。它们通常都与建筑或其他构筑物相联系，所以图案设计应结合周围空间环境的特点来完成。将园林景观与建筑联系最有效的方法，就是在以建筑的主要轴线、边线为原点生成的网格上设计园林景观。园林景观空间与建筑空间自然会发生联系并相互呼应。杰出的园林景观设计师会巧妙地运用建筑上的划分（例如门窗之间的空间），生成设计的参考网格。以之为基础的园林景观设计犹如从场地中生长出来的一样，与场地融为一体，而不是生硬的附加其上。

1. 网格的位置

生成网格的第一步是利用场地测量图和照片，仔细研究建筑的立面，观察显著凸出的外墙和墙角、凸出或凹进的开间，选择一个最明显的点。通常建筑的转角是最显著的参照点。其延长线与场地的焦点就可以作为网格的起点。此外，其他如门、窗或现有露台等，都可能影响到网格的位置。

2. 划分空间

现在观察场地主要参考线所形成的空间是否符合某周模数。例如，建筑上一个往外凸出两米的开间，距离建筑两端的拐角分别是 2m 和 4m，这样选择 2m 的网格竟会适合这三个方向的尺寸。

根据栅栏、围墙、大门或者车道的平面关系决定网格的水平线位置。有些明显的点，例如园墙上等间距的墙垛或者栅栏的立柱，都可以作为水平网格线的起始点。如果边界的划分没有任何特点，可以根据其总长度进行简单的均分。

3. 正方形网格的好处

尽管园林景观场地中现有的要素看似对应着单元大小和形状不同的网格，但是通常正方形网格仍是首选。因为，在进行构图设计时，正方形网格比长方形网格更能适应圆形构图，不必担心建筑和园界与网格线是否精确对齐。网格只是参考工具，而不是实际的界线。

4. 网格大小

网格大小可以根据自己的喜好，但是原则上，网格的比例应该取决于大的建筑物。如果建筑物较大，网格的尺寸也要大，反之亦然。太小的网格常常导致琐细和过度的设计。通常在开始时采用较大的网格，随着设计的需要再对网格进一步划分。网格的划分与建筑的尺寸、门窗的位置应该完美结合，如果划分过程中网格与建筑衔接不好，可以上下左右平移直到与场地中的元素建立起更直接的联系。

如果建筑和场地周围有宽阔的空间，可以在建筑周围采用尺度小点的网格，以统一建筑和露台的风格，并在建筑周边形成更规则的场地。可以把现有网格放大两倍或者四倍，以适应场地中更宽阔的部分。因为在这种地方用小网格可能会形成琐细混乱的效果。任何岛式的花坛、林地甚至草坪都可以参照更大的网格设计，从而在保持宽裕尺度的同时，仍与建筑和其周边的小尺度网格保持联系。

当场地被划分为多个区域时，要以一个区域为主，而不要形成几个大小相似的区域。

5. 平移和旋转网格

在构设网格时，将网格线充分延长到场地之外并旋转一定角度，可以创造出奇妙的斜向效果，更有可能在不同要素间建立更明显的联系。

参照网格设计是一种简便而有效的方法，借助它就可以避免诸如园路、藤架甚至坐凳与窗户或门没有恰当对其的弊端。当设计师已经习惯于这种对位关系时，立即就能看出哪些摆放有误及感觉上难以接受的地方。

2.2.2.6 场地布局的构图

网格多种多样，但是往往只有特定大小和角度的网格才更适合某个具体的场地。前面已经阐述了直线式、圆形和斜线形的构图主题，可以在网格上逐一尝试知道选择出最适合场地的主题。尝试不同的构图主题将有助于设计师打破对空间的先入之见，并激活最初的构图思想。

这个阶段的构图设计是试验性的，将硫酸纸覆盖在测量图和网格上尝试不同的设计方案。若想做出好的方案就不能吝惜硫酸纸。确保场地中的树木在测量图上已经标出，因为树木难以移动，所以对方案的设计影响很大。其实这些情况应该早在场地现状分析和评价阶段就已经明晰了。

2.2.2.7 参照网格进行平面设计

参照网格设计时，还应该注意整体上的平衡，特别是虚实平衡，不要有剩余角落和含糊的线条。线条要以垂直方式相交，避免形成生硬的尖角和死角空间。

有时从建筑本身也能获取构图主题的灵感，如根据弧线形飘窗而形成圆形的主题。一般来说，圆形比长方形需要更大的空间，如果建筑明显呈长方形并且围墙笔直，将圆形的构图主题强加在这种方盒子上则显得太生硬。

在确定构图主题之前，一定要尝试将网格旋转 45° 或者沿场地最长的对角线放置网格。这种方法在尝试获得更深空间方面（更长的场地）尤其适用。

依托地势的自然景观

第3章　园林景观构成的要素

3.1　地形

土地要素在一定意义上是展开园林景观设计的根本。换言之，土地要素是承载所设计的园林景观环境的底界面。同时，在自然式园林景观中，起伏的地形变化还兼当了垂直界面分割空间的作用。若无土地要素，景观环境将不复存在。

3.1.1　地形的重要意义

地形是园林空间的构成基础，与园林性质、形式、功能与景观效果有直接关系，也涉及园林的道路系统、建筑与构筑物、植物配置等要素的布局。可以说，园林地形处理是园林规划设计的关键。在园林景观中，地形不仅能影响某一区域的美学特征、空间构成和空间感受，也影响景观、排水、小气候和土地的使用。地形还对景观中其他设计要素起支配作用，这些要素包括植物、水体、建筑、铺装材料等。在某种程度上，这些要素也都要依赖于地形。

在园林景观中，地势对景观的创造有着直接的关系，园林景观必须因地制宜，充分发挥原有的地势和植被优势，结合自然创造不同的使用功能和空间效果。

3.1.2　土地要素的类别

土地要素包括自然地表和人工地表两大类。

某滨海度假地休闲区

自然地表指的是地球表面的所有自然因素的总和，通常是由矿物质组成，依其硬度可分为花岗岩、灰岩、页岩、黏土、沙土和壤土，也包括覆盖于其上的植被，水边的地衣、苔藓、芦苇，草原和平原上的草场等等都属于自然地表的范畴。自然地表还包括地表水，如天然的海洋、河流、湖泊、沟塘等。

人工地表主要指人工铺地与人工水体等，是根据人类社会的需要，对于自然在地球表面上的改造。它代表的是人对自然世界的利用与控制。

3.1.3　自然地表

3.1.3.1　地形的骨架作用

地形是构成园林景观的基本骨架。植物、建筑、落水等景观常常都以地形作为依托。依山而建的建筑随山形高低错落，则能丰富立面构图，若借助于地形的高差建造水景，则具有自然感。落差形成的层次感可极大地丰富景观设计语言，使景观设计师创造出优秀的景观。

地形在造景中起着骨架作用，但是地形本身的造景作用并不突出，常常处在基底和配景的位置上。为了充分发挥地形本身的造景作用，可将构成地形的地面作为一种设计造型要素，强调地形本身的景观作用。

园林中坡度比较平缓的用地统称为平地。平地可作为集散广场、交通广场、草地、建筑等方面的用地，以接纳和疏散人群，组织各种活动或供游人游览和休息。平地在视觉上空旷、宽阔，视线遥远，景物不被遮挡，具有强烈的视觉连续性。平坦地面能与水平造型互相协调，使其很自然的同外部环境相吻合，与地面垂直造型形成强烈的对比，使景物突出。

某酒店户外休闲小景

某住宅小区庭院景观

某疗养院外景

凸地形包括土丘、丘陵、山峦以及小山峰。凸地形在景观中可作为焦点物或具有支配地位的要素。山巅能使人产生对某物或某人更强的尊崇感。因此，教堂、寺庙、宫殿、政府大厦以及其他重要的建筑物（如纪念碑、纪念性雕塑等），常常耸立在山的顶峰。脊地可被用来转换视线在一系列空间中的位置，或将视线引向某一特殊焦点。脊地的另一特点和作用是充当分隔物。犹如一道墙体将各个空间或谷地分隔开来，使人感到有"此处"和"彼处"之分。从排水角度而言，脊地的作用就像一个"分水岭"，降落在脊地两侧的雨水，将各自流到不同的排水区域。由于山脊特有的地势特点，可以观赏山脊两面的景色，因而具有良好的地势观景条件，是因势构筑的好景点。

凹面地形是景观中的基础空间，适宜于多种活动的进行。当其与凸面地形相连接时，它可完善地形布局。凹面地形是一个具有内向性和不受外界干扰的空间。给人一种分割感、封闭感和私密感。凹面地形还有一个潜在的功能，就是充作一个永久性的湖泊、水池，或者充作一个暴雨之后暂时用来蓄水的蓄水池。凹地形在调节气候方面也有重要作用，它与同一地区内的其他地形相比更暖和，风沙更少，具有宜人的小气候。

谷地综合了某些凹面地形和脊地地形的特点。谷地在景观中也是一个低地，是景观中的基础空间，适合安排多种项目和内容。但它与脊地相似，也呈线状，具有方向性。

3.1.3.2 地形的改造

1. 坡度与地形改造

在地形设计中必须考虑对原地形的利用和改造。结合场地调查和分析的结果，合理安排各种坡度要求的内容，使之与场地地形条件相吻合。一般来讲，坡度小于1%的地形易积水，地表面不稳定，不太适合于安排活动和使用的内容，但稍加改造即可利用；坡度介于1%～5%的地形，排水较理想，适合于安排绝大多数的内容，特别是需要大面积平坦地的内容，像停车场、运动场

某校园景观

凹地自然景观

等，但是，当同一平坡面过长时，显得较单调，易形成地表径流，而且当土壤渗透性强时，排水仍存在问题；坡度介于 5% ~ 10% 之间的地形，排水条件很好而且具有起伏感，但仅适合于安排用地范围不大的内容；坡度大于 10% 的地形，只能局部小范围的加以利用。地形改造要有的放矢，地形的微小改造有时比大规模改造还要重要。地形改造应与园林景观总体布局同时进行。

2. 地形、排水和坡面稳定

在地形设计中应考虑地形与排水的关系，以及坡面稳定性问题。地形过于平坦不利于排水，容易积涝，破坏土壤的稳定，对植物的生长、建筑和道路的基础都不利，但同一坡度的坡面延伸过长时，则会引起地表径流，产生坡面滑坡。因此，地形起伏应适度，坡长应适中。

3.1.3.3 地形的运用与设计

地形的起伏不仅丰富了园林景观，而且还创造了不同的视线条件，形成了不同性格的空间。

1. 利用地形分隔空间

利用地形可以有效地、自然地划分空间，使之形成不同功能和景色特点的区域。在此基础上，若再借助于植物，则能增加划分的效果和气势。利用地形划分空间，应从功能、现有地形条件和造景几方面考虑。

2. 控制视线

地形能在景观中将视线导向某一特定点，影响某一固定点的可视景物和可见范围，形成连续观赏或景观序列，或完全封闭通向不悦景物的视线。为了能在环境中使视线停留在某一特殊焦点上，我们可在视线的一侧或两侧将地形增高，在这种地形中，视线两侧的较高地面犹如视野屏障，封锁了分散的视线，从而使视线集中到景物上。地形的另一类似功能是构成一系列赏景点，以此来观赏某一景物或空间。

3. 地形的挡与引

地形在达到一定的体量时，可用来阻挡视线、人的行为、冬季寒风和噪音等。地形的挡与引应尽量利用现有地形，若现有地形不具备这种条件，则需权衡经济和造景的重要性后采取措施。引导视线离不开阻挡，阻挡和引导既可是自然的，也可是强加的。

4. 地形高差和视线

若地形具有一定的高差，则能起到阻挡视线和分隔空间的作用。在设计中，如能使被分隔的空间产生对比或通过视线的屏蔽，安排令人意想不到的景观，就能够达到一定的艺术效果。对于过渡段的地形高差，若能合理安排视线的挡引和景物的藏露，也能创造出有意义的国度地形空间。

5. 凸凹地形的运用

地形有凸地形和凹地形之分，它们在组织视线和创造空间上具有不同的作用。凸地形指比周围环境的地形高，视线开阔，具有延伸感，空间呈发散状的地形。它既可组织成为观景之地，又可组织成为造景之地。另外，当高处的景物达到一定体量时，还能产生统领全局的作用。凹地形指比周围环境的地形低，视线通常较封闭的地形。凹地形的低凹处能聚集视线，可精心布

某公园一角

某公园景观

046

某公园景观

置景物。凹地形坡面既可观景也可布景。

凸凹地形的坡面均可作为景物的背景，但应处理好地形与景物和视距之间的关系，尽量通过视距的控制，保证景物和作为背景的地形之间有较好的构图关系。

6. 影响旅游线路和速度

地形可被用在外部环境中，影响行人和车辆运行的方向、速度和节奏。在园林设计中，可用地形的高低变化、坡度的陡缓以及道路的宽窄、曲直变化等来影响和控制游人的游览线路及速度。在平坦的土地上，人们的步伐稳健持续，无需花费什么力气。而在变化的地形上，随着地面坡度的增加，或障碍物的出现，游览也就越发困难。为了上、下坡，人们就必须使出更多的力气，时间也就延长，中途的停顿休息也就逐渐增多。对于步行者来说，在上、下坡时，其平衡性受到干扰，每走一步都必须格外小心，最终导致尽可能地减少穿越斜坡的行动。

7. 改善小气候

地形不仅可被组合成各种不同的形状，而且它还能在阳光和气候的影响下产生不同的视觉效应。阳光照射某一特殊地形，并由此产生的阴影变化，一般都会产生一种赏心悦目的效果。当然，这些情形每一天、每一个季节都在发生变化。此外，降雨和降雾所产生的视觉效应，也能改变地形的外貌。

地形可影响园林某一区域的光照、温度、风速和湿度等。从采光方面来说，朝南的坡面一年中大部分时间，都保持较温暖和宜人的状态。从风的角度而言，凸面地形、脊地或土丘等，可以阻挡刮向某一场所的冬季寒风。反过来，地形也可被用来收集和引导夏季风。夏季风可以被引导穿过两高地之间形成的谷地或洼地、马鞍形的空间。

8. 美学功能

地形可被当做布局和视觉要素来使用。在大多数情况下，土壤是一种可塑性物质，它能被塑造成具有各种特性、具有美学价值的悦目的实体和虚

某园林景观区

体。地形有许多潜在的视觉特性。作为地形的土壤，我们可将其成形为柔软、具有美感的形状。这样它便能轻易地捕捉视线，并使其穿越于景观。借助于岩石和水泥，地形便被浇铸成具有清晰边缘和平面的挺括形状结构。地形的每一种上述功能，都可使一个设计具有明显差异的视觉特性和视觉感。

3.1.4　人工地表

在园林景观设计中，铺装景观是不可忽略的组成部分，在营造空间的整体形象上具有极为重要的影响。我们在给予园林铺装设计足够重视、合理运用各种艺术手法的同时，也要更加注重园林铺装的生态效应，达到功能性、艺术性和生态性的完美结合，实现空间景观资源的最大化利用。

3.1.4.1　地面铺装的功能和作用

1. 空间的分隔和变化作用

园林铺装通过材料或样式的变化体现空间界线，在人的心理上产生不同暗示，达到空间分隔及功能变化的效果。比如两个不同功能的活动空间。往往采用不同的铺装材料，或者即使使用同一种材料，也采用不同的铺装样式，这种例子随处可见。

地面铺装的材料的大小、铺砌形状的大小和距离能够影响人们空间的视觉比例。形体较大较舒展的形状会使空间产生宽敞的尺度感，而较小较压缩的形状则使空间具有压缩感。不同的铺装材料、图案和边缘轮廓还对所处空间的性质产生重大的影响，如方砖能赋予一个空间亲切感，混凝土则使人产生冷清、没有人情味的感受。

2. 视觉的引导和强化作用

园林铺装利用其视觉效果，引导游人视线。在园林中，常采用直线形的线条铺装引导游人前进；在需要游人停留的场所，则采用无方向性或稳定性的铺装；当需要游人关注某一景点时，则采用聚向景点方向走向的铺装。另外，通过铺装线条的变化，可以强化空间感，比如用平行于视平线的线条强调铺装面的深度。用垂直于视平线的铺装线条强调宽度，合理利用这一功能可以在视觉上调整空间大小，起到使小空间变大，窄路变宽等效果。

铺装地面材料的形状可以指引游览方向，引导行人穿越不同的空间序列；铺装材料的形状还能影响行人行走的速度和节奏，以及一时的停留。散步道的铺装面越宽，行人能随意停下观看景物而不妨碍他人行走，运动的速度就会缓慢，而当铺装路面较窄时，行人只能一直向前行走，没有机会停留。行人步伐的大小及频率也受到各种铺装材料的间隔距离、接缝距离、材料的差异、铺地的宽度等因素的影响。当地面铺装以相对较大且无方向性的

日本某场所景观

形式出现时，它会暗示出一个静态的停留空间。

3. 意境与主题的体现作用

良好的铺装景观对空间往往能起到烘托、补充或诠释主题的增彩作用，利用铺装图案强化意境，这也是中国园林艺术的手法之一。这类铺装使用文字、图形、特殊符号等来传达空间主题，加深意境，在一些纪念型、知识型和导向性空间比较常见。

4. 增加路面使用的频率和寿命

适当的地面铺装，能够承受较大的压力，阻止裸露的地面的冲蚀和尘土的飞扬，以及提高使用寿命，减少维修费用。

5. 影响行人的游览感受

铺装图案为地图、有趣的图形甚至是讲述一个小故事的铺装系列时，地面铺装会调节游览的单调和乏味。铺装材料的形状也能微妙的影响行人的游览感受。一条平滑弯曲的小路给人轻松悠闲的田园感觉；而一条直角转折的小路则严肃又拘谨；不规则、多角度的转折路则会产生不稳定和紧张感。

3.1.4.2　地面铺装的艺术表达

1. 铺装的色彩

铺装的色彩在园林中一般是衬托景点的背景，除特殊的情况外，很少成为主景。所以要与周围环境的色调相协调。如果色彩过于鲜艳，可能喧宾夺主，甚至造成园林景观杂乱无序。色彩本身具有鲜明的个性，如暖色调热烈，冷色调优雅，明色调轻快，暗色调宁静。色彩的应用应追求统一中求变化，即铺装的色彩要与整个园林景观相协调，同时刹崩视觉上的冷暖节奏变化以及轻重节奏的变化。

2. 铺装的形状

铺装的形状一般通过点、线、形的组合得到表现。不同的铺装图案形成不同的空间感，对所处的环境产生强烈影响。铺装图案的设计要坚持统一协调的原则。一般以简洁的构图为主，材料的过多变化或图案的繁琐复杂，易造成杂乱无章的感觉。

某公园图书馆小景

某休闲户外公园

某公园景观

与视线相平行的直线可以增强空间的纵深感，而那些垂直与视线的直线排列则会增强空间的开阔感；正方形、圆形和六边形等规则、对称的形状等，易形成宁静的氛围；而一些波浪形的纹样勇于广场之上，可增添活跃、变化的气氛。

3. 铺装的质感

铺装的质感是由于人对素材结构的感触而产生的材质感，不同铺装材料的肌理和质地对空间环境会产生不同影响，给环境带来轻松、温馨、开阔、舒适等不同感受。利用质感不同的同种材料铺装，很容易在变化中求得统一，达到和谐一致的铺装效果。

同一质感的组合可以通过肌理的横直、纹理设置，纹理的走向、肌理的微差、凹凸变化来实现。相似质感材料的组合在环境效果上起中介和过渡作用。对比质感的组合，会得到不同的空间效果，同时也是提高质感美的有效方法。在进行铺装时，要考虑空间的大小，大空间可选用质地粗犷厚实、线条明显的材料，容易给人稳重、沉着的感觉。小空间则应选择较细小、圆滑的材料，容易给人轻巧、精致和柔和感觉。

4. 铺装的尺度

铺装的尺度包括铺装图案尺寸和铺装材料尺寸两方面，两者都能对外部空间产生一定的影响，产生不同的尺度感。在铺装图案的尺寸方面，大面积铺装应使用大尺度的图案，有助于表现统一的整体效果，如果图案太小，铺装会显得琐碎。小面积的铺装宜采用小尺度的图案，较小、紧缩的形状，使空间显得亲切。在铺装材料的尺寸方面，通常大空间中使用大尺寸的花岗岩，抛光砖等板材较多，而中、小尺寸的地砖和小尺寸的玻璃马赛克，更适用于一些中、小型空间。

在地面铺装的设计中，其砌块的大小、拼缝的宽窄、色彩和质感等都与场地的尺寸有着密切的关系。通常，较大面积的场地，其质地可粗犷些，纹

某公园内小径

不同质感材料铺装的休闲区

某度假酒店中心广场景观

某商务办公区楼下景观带

样线条也可选择大一些的，而小面积场地，则质感不易过粗，纹样也应选择精致些的。

3.1.4.3　基本铺装材料

铺装的园路不但能够将景园中不同的景区联系起来，同时作为一个重要的造园要素，也可成为观赏焦点。用适当的铺装材料可以将无特色的小空间变成一个特色景观。一般常用的铺装材料有：石材、砖、砾石、混凝土、木材、可回收材料等，不同的材料有不同的质感和风格。

1. 石材

石材铺设的园路，既满足了使用功能，又符合人们的审美需求。我们也应注意，园路的使用率越高，磨损也就越严重，所以选用耐磨的铺装材料是很有必要的。石材，可以说是所有铺装材料中最自然的一种，无论是具有自然纹理的石灰岩，还是层次分明的砂岩、质地鲜亮的花岗岩，即便是未经抛光打磨，由它们铺成的地面都容易被人们接受。虽然有时石材的造价较高，但由于它的耐久性和观赏性均较高，所以在资金允许的条件下，自然的石材应是人们的首选材料。

新开采的或经打磨的石材应用广泛，而久置的顽石更是别有韵味，即使是天然石材的碎片也可持续利用，同样可以铺出优美的图案，建材市场上很少有哪种铺装材料会像天然石材那样魅力无穷，尤其是合理的布局和熟练的技术会使这种优势更加明显。

天然的石材相当昂贵，如果你想使用石材铺设一个平台，它的造价将是混凝土铺面的数倍，应当注意的是一些地方无节制地开采石材损坏了生态环境、浪费了大量的当地资源。因此，我们提倡在合理的前提下尽可能采用砾石、混凝土或黏土砖这些可再生材料资源，避免对自然景观的破坏。

2. 砖

砖铺地面施工简便，形式风格多样，就拿建筑用砖来说，不但色彩丰富，而且形状规格可控。许多特殊类型的砖体可以满足特殊的铺贴需要，创造出特殊的效果，比如供严寒地区使用的铺砖，它们的抗冻、防腐能力较强。此外砖质铺贴施工工艺比较简单。

某公园园路石材铺装

某校园宿舍景观区

作为一种户外铺装材料，砖具有许多优点，通过正确的配料，精心的烧制，砖会接近混凝土般的坚固、耐久，它们的颜色比天然石材还多，拼接形式也多种多样，可以变换出许多图案，效果也自然与众不同。

砖还适于小面积的铺装，如小景园、小路或狭长的露台。像那些小尺度空间——小拐角，不规则边界或石块、石板无法发挥作用的地方，砖就可以增加景观的趣味性。

砖还可以作为其他铺装材料的镶边和收尾，比如大块石板之间，砖可以形成视觉上的过渡，不仅如此，还可以改变它的尺寸，以便适用于特殊地块。用砖为露台砌边是一种比较成功的做法，由于这种铺法减轻了外层铺装的压力，所以结构比较稳固，如果采用砾石铺装，不管它是在一边，还是铺设步道，使用砖块儿镶边都是一个不错的方法。

3. 砾石

砾石是构成自然河床、浅滩、山冈的一种材料，它的价格低廉，使用广泛，砾石景观在自然界中到处可见，而且在规则式园林中，砾石也能够创造出极其自然的效果，它们一般用于连接各个景观、构景物、或者是连接规则的整形，修剪植物之间，无论采用何种方式，砾石都是最易得的铺装材料。砾石是自然的铺装材料，目前现代园林景观应用广泛，实际上它的运用已经有几个世纪的历史了。

在自然式的园林中，植物披散，蔓延到小路或其他铺装上，在那儿砾石是联系各个景观的最佳媒介，由它铺成的小路不仅干爽、稳固、坚实，而且还为植物提供了最理想的掩映效果，当然，它与其他的铺装材料，像铺路用的碎石，栽植用的泥土等，在铺设方法上有所不同，但总体上仍然保持一种自然的景观特征。

除了这一点之外，砾石还具有极强的透水性，即使被水淋湿也不会太滑，所以就交通而言，砾石无疑是一种较好的选择。

现在很多地方应用染色砾石，像亮黄色、深紫色、鲜橙色、艳粉色，甚

某公园砾石景观区

某公园景观红砖铺装

至染上彩色的条纹，看起来不像石头，倒更像是一块诱人的咖啡糖，这些鲜亮的纯色令人振奋，具有强烈的视觉冲击性，对于那些富有创新精神，勇于打破常规束缚的设计师而言，它们是灵感的源泉，是创作的基础。

4. 混凝土

混凝土也许缺少自然风化石材的情调，也不如时下流行的栈木铺装那么时髦，但它却有着造价低廉、铺设简单等优点，可塑性强，耐久性也很高，如果浇铸工艺技术合理，混凝土与其他任何一种铺装材料相比，也并不逊色多少。同时，多变的外观又为它的实用性开拓增添了砝码，通过一些简单的工艺，像染色技术、喷漆技术、蚀刻技术等，可以描绘出美丽的图案，让它改头换面以适应设计要求。

从表面上看，混凝土并非你的首选，但了解了它那广泛的实用性，超强的耐久性和简易的铺设性之后，稍作处理便呈现出自然外观的混凝土铺装时，你可能会被它的魅力所吸引，改变一开始的决定。

5. 木材

木材处理简单，维护、替换方便，更重要的是它是天然产品，而非人工制造，作为室外铺装材料，木材的使用范围不如石材或其他铺装材料那么广，但是在建筑领域，木材的使用确是最多，它与石材、混凝土不同，木材容易腐烂、枯朽，但是木材可以随意涂色，油漆，或者干脆保持其原来面目。园林铺装中，木铺装更显得典雅、自然，木材是在栈桥、亲水平台、树池等应用中被首选。

木材被广泛地应用于景园铺装之中，比如由截成几段的树干构成的踏步石，由栈木铺设的地面，它能够强化由其他材料构成的景园铺装，或者与其混合，或者进行外围的围合，像木隔架、篱笆、木桩、木柱等，在自然式园林中，常常使用的是木质铺装的天然色彩，这样不仅与设计风格完美结合，观赏价值也很高，并且可与格架、围栏粗犷的轮廓形成对比，有时，大多数规则式的园林，利用人工涂料将其油漆、染色，借以强化木质铺装或园林小

某城市景观区混凝土人行道

某海边景观铺装

利用旧瓦堆叠排列小景

品的地位，突出了规则式景园的严谨。

木质铺装最大的优点就是给人以柔和、亲切的感觉，所以常用木块儿或栈板代替砖、石铺装。尤其是在休息区内，放置桌椅的地方，与坚硬冰冷的石质材料相比，它的优势更加明显。

6. 可回收材料

在一段时期内，"可持续发展"，可循环利用等词语常常见诸报端，利用可回收材料铺设景园铺装的理念也应运而生，几乎所有铺装材料都可以循环使用，像石材、铺砖、圆木、铺路石等一般的铺装材料不用说了，除此之外还有许多特殊的材料可以加以考虑，比如玻璃球，甚至是废钢材，实际上，只要因地制宜、合理利用，可回收材料利用大有可为。

在过去，人们疯狂地开发能源，许多天然的建筑材料大量消耗，像天然石材这样的铺装材料由于供给与需求的不平衡造价日升。现在，人们逐渐意识到无节制开发利用资源的危害性，也领悟到合理利用可持续、再生利用资源的重要性。

最明显的例子就是用过的铺装材料的再次使用，古园林修缮中的整旧如旧的原理，同样可在铺贴施工中采用，如果在铺石或铺砖表面正好覆盖着一层苔藓或地衣，施工中应加以合理保护与利用。

由于使用过的铺装或石片具有独特的沧桑感，所以它们的价值并不低。破砖烂瓦，甚至是陶瓷碎片都可以创造出充满趣味性的室外铺装效果，利用收集的零零碎碎创造出马赛克镶嵌效果，甚至还可以拼出图画或图案，但应注意防风化及与其他铺装融合。

最近几年，许多工业回收或重组产品也被应用到景园铺装中，并创造出极佳的效果，如由可可果壳、树皮或木材碎片、椰子壳等组成的护根物不仅具有改良土壤的作用，而且还是精美的户外铺地材料，在加勒比海的一些小岛上流行用肉豆蔻的果壳作为铺装材料，它产生类似砾石的效果，走在上面

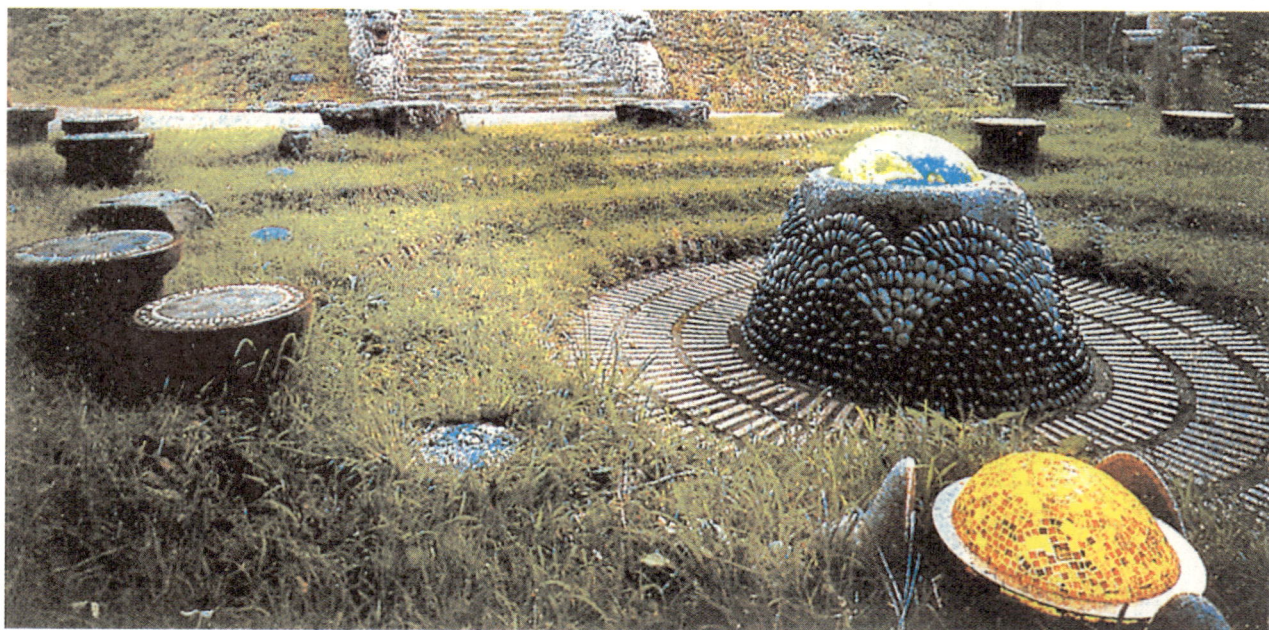

加勒比海某小岛

会发出清脆的咔咔声，所以当地传统居民用于及时觉察来访者或入侵者的有趣手段。

最具吸引力的铺装材料中有一种由回收的玻璃碎片组成，它是近几年来才出现的，在我们看来，玻璃碎片也许不太安全，但是经过特殊的打磨之后，你可以手工铺设或在上面行走，而不会有任何危险，这种材料在干的时候是不透明的，但在湿的时候它们变成透明的，颜色也随之发生变化，而如果在玻璃原始的颜色中混入赭石，琥珀，翠绿等颜色，就会产生玻璃卵石的效果，使空间更加丰富。样的铺装材料可造就不同风格的景园，开发你的潜力，合理选择、搭配，让它们变得更有观赏价值。

3.1.4.4 园林铺装的生态性

园林铺装的生态性代表的是人对自然世界的利用与控制。由于人工铺地涉及相关自然系统的循环的改变，所以必须慎重的对待。因此，在园林景观空间中的硬质地面应优先考虑环保材料，比如现有的混凝土渗水型铺地砖，它具有强度高、渗水性能稳定，可用于完全渗水型排水、渗水与集中排水相结合等不同场合。在水循环问题突出的相关区域中使用，能起到保护作用，这是人工铺地的生态性原则的运用。

传统的非透水性铺装完全阻断了自然降雨与路面下部土层的连通，造成城市地下水源难以得到及时补充，严重影响雨水的有效利用，且严重破场、地表土壤的动植物生存环境，改变了大自然原有的生态平衡。

科技水平不断提高使得铺装材料种类不断丰富，出现了新的生态环保型铺装材料。生态透水性铺装包括透水性沥青铺装、透水性混凝土铺装及透水性地砖等。我国传统的用于园林铺装的鹅卵石地面铺装也是透水性铺装的一种。生态透水性铺装由于其本身良好环境效益越来越受到人们的重视。生态透水性铺装的作用主要有以下几点：

（1）生态透水性铺装能够保护地下水资源。生态透水性铺装通过本身与铺装下垫层相通的渗水路径将雨水直接渗入下部土壤，可以有效缓解城市不透水硬化地面对于城市水资源的负面影响。

（2）生态透水性铺装有利于生物生长环境的改善。生态透水性铺装兼有良好的渗水性及保湿性，提高土壤持水率。降低土壤温度，使土壤养分的利用率提高，有效保护了地面下动植物及微生物的生存空间，因而很好地体现了。与环境共生的可持续发展理念。

（3）生态透水性铺装可以调节地面温度。生态透水性铺装由于自身一系列与外部空气及下部透水垫层相连通的多孔构造，雨过天晴后，铺层下的水分通过太阳辐射，蒸发吸热。使地表温度降低，起到调节地面温度的作用，从而有效地缓解了"热岛效应"。

（4）生态透水性铺装有城市防涝的作用。生态透水性铺装地面由于自身良好的透水性能，能有效地缓解城市

某滨河景观小径

排水系统的泄洪压力。尤其对于这一类洪涝灾害频繁的沿海城市，具有积极的意义。

3.1.4.5 当前园林铺装存在的问题

我国园林铺装的历史悠久。古时对铺装的设计十分重视。中国古典园林中多利用砖瓦、石片、卵石和各种碎瓷片、碎陶片等材料进行铺装，其用材简单、色彩素雅，结合文化，构成了生动的景观。中国古典园林中的铺装尺度精巧，图案多样，喻义深远。

然而在现代园林景观的创造中，铺装设计往往被摆在无足轻重的地位，铺装设计大多只注重功能性，而忽略了艺术性，影响了整体景观效果。此外施工工艺的粗糙，对施工细节的大意处理也是普遍存在的问题。随着社会的发展，生态园林成为园林发展的方向，园林铺装的生态性问题也日益受到重视。

3.1.5 园林景观道路的设计与组织

园路是园林绿地中的重要组成部分，它像人体的脉络一样，贯穿于主园各景区的景点之间，它不仅导引人流，疏导交通，并且将园林绿地空间划成了不同形状，不同大小，不同功能的一系列空间。因此，园路的规划，直接影响到园林绿地各功能空间划分的合理与否，人流交通是否通畅，景观组织是否合理，对园林绿地的整体规划的合理性起着举足轻重的作用。

3.1.5.1 园路的功能和类型

在园林绿地规划中，园路具有组织空间，引导游览，组织交通，构成园景的作用。按其性质功能将园路分为以下几种。

（1）主要园路：联系全园，是园林内大量游人所要行进的路线，必要时可通行少量管理用车，道路两旁应充分绿化，宽度 4 ~ 6m。

某滨河带规划景观

（2）次要园路：是主要园路的辅助道路，沟通各景点、建筑，宽度2～4m。

（3）游息小路：主要供散步休息，引导游人更深入地到达园林各个角落，双人行走1.2～1.5m，单人0.6～1m，如山上、水边、疏林中，多曲折自由布置。

（4）变态路：根据游赏功能的要求，还有很多变态的路，步石、汀步、休息岛、矴、礁、踏级、磴道等。如健康步道是近年来最为流行的足底按摩健身方式。通过行走卵石路上按摩足底穴位达到健身目的。

3.1.5.2　园路系统规划的一般要求

1. 园路在园林中的尺度与密度

园路的尺度、分布密度，应该是人流密度客观、合理的反映。"路是走出来的"，从另一个方面说明，人多的地方（如游乐场、入口大门等）尺度和密度应该大一些；休闲散步区域相反要小一些，达不到这个要求，绿地就极易损坏。

2. 现代园林绿地中还应增加相应的活动场地

园林过去多以参加游览为主。游园的方式、注意自我感受，人们以思索、追溯领悟艺术中的哲理情感为主要欣赏方式，追求所谓"神游"。而现代人的旅游方式有一种要求与参与的趋势。人们不仅要求环境优美，而且要求在这样的环境中从事文娱、体育活动，甚至进行某些学术活动，获取知识，因此，还要另加相当数量的活动场地。

3. 园路广场的占地比例要恰当

在儿童公园、专卖公园、居住区公园一般可占10%～20%，在带状绿地，小游园可占10%～15%，其他专卖公园可占10%～15%。

4. 园路平面成形布局

园路布局形成有自然式、规划式和混合式三种。在自然式园林绿地中，园路多表现为迂回曲折，流畅自然的曲线性，中国古典园林所讲的峰回路转，曲折迂回，步移景异，即是如此。园路的自然曲折，可以使人们从不同角度去观赏景观，在私家园林中，由于所占面积有限，园路的曲折更使其小中见大，延长景深，扩大空间。除了这些自由曲线的形式外，也有规划的几何形和混合形式，由此形成不同的园林风格。西欧的古典园林中（如凡尔赛宫）讲究平面几何形状。当然采用一种形式为主，另一种形式补充的混合式布局方式，在现代园林绿地中也比较常见。

5. 园路立面成形布局

园路也可以根据功能需要收放宽度尺寸，采用变断面的形式进行立面上的布局。例如北京香山沿蹬道攀登可以发现，不同转折处有不同的宽狭。在许多园林中，设置坐凳、椅子在园路外延边界，还有园路和小广场相结合等。这样宽狭变化，曲直相济，反倒使园路生动起来，做到一条路上休闲、停留和人行、运动相结合，各得其所。

6. 园路路口规划

园路路口的规划是园路建设的重要组成部分。从规划式园路系统和自然式园路系统的相互比较情况看来，自然式园路系统中则以三岔路口为主，而在规划式园路系统中则以十字路口比较多，但从加强寻游性来考虑，路口设置也应少一些十字路口，多一点三岔路口。

3.2　水体

水是园林的灵魂，从中国古典园林到西方园林，水的影子无处不在。人类以水造景已有数千年的历史。以水为主体的景观设计就是用水营造一个具有审美意义和人文语意的视觉景象。水活化了景观，给环境注入了活力，带来了生气。随着工业现代化程度的提高，人们对大自然的向往越来越强烈。返璞归真、拥抱自然成为许多人的渴望。合理巧妙地将水和其他造景元素相结合能为园林景观作品带来非同一般的自然魅力和生机，满足人们亲近自然的夙愿。

水有变化莫测的特点，能极大地改善环境景观。精心设计的水景可谓是园林景观设计中的点睛之笔，同时也是最难恰当处理的元素。

某公共中心水景雕塑

3.2.1　水的观赏特性

水除了能够维持生物生命，还有与众不同的观赏特性。

3.2.1.1　水的可塑性

水在常温状态下是流动的液体，具有不稳定性和流动性，形状随着承载容器的变化而变化。因此，人们可以根据地形现有环境的需要来设计水的形式，即设计不同大小、颜色、质地、形状的容体，使水呈现出无数不同的风貌。容体表面材料的质地也影响着水的流动。当水量相等时，如果容器表面的质地比较光滑，水比较容易流动，水面也相对平静。但在质地比较粗糙的沟渠中，由于存在障碍，水流较慢而且容易形成变化。在设计时，可以充分利用这一特性。在浅池中，改变池底的质地，造成波光粼粼的效果。由于重力作用，高出的水具有势能，由高处向低处流动，高差越大，动能越大，流速也越快。水还可以从液态转化为固态，如冰、雪。严冬水会呈现另一种纹理和图案，冰天雪地，晶莹剔透，在阳光的照射下更显得风采动人。

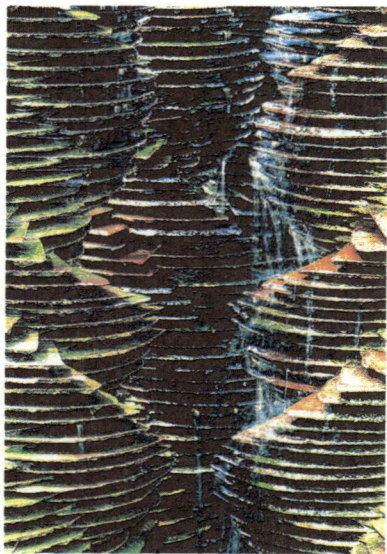

某公共广场前水景装饰

3.2.1.2　水的状态美

静水最动人的特点在于倒映景物。水面上的景物与倒影形影相依，此乃一大美景。地面、竖直面以及顶面在水中的倒影提升了设计的整体感，水面让园林景观更为明亮且增加了设计感。

水位对倒影的形成有重要影响。当水位低于池顶时，池壁也会倒映在水中。相应的，其他景物的倒影面积就会减少。为了增加倒影范围，需要尽可能的提高水位。

冰灯阶梯

某广场音乐喷泉

金海岸酒店外景观水景

3.2.1.3 水的听觉美

既包括汹涌的波涛声，也包括潺潺的溪流声，配以鸟语蛙鸣，给人以无限的遐想空间。园林景观设计将"声"这一元素直接运用到水景当中，使其成为水景的一部分，如音乐喷泉中的背景音乐等。

3.2.1.4 水的视觉美

水本是无色透明，然而通过水底、水岸材料以及岸边绿化种类的选择和搭配，辅以灯光照明系统，可以自由创造出理想的富于变化的水景色调。现代城市广场水景设计更是主动将光这一元素直接具体地参与到水景的构成中，如水幕电影等。

3.2.2 水体的作用

水体总是能给人以美的享受，除了水体的静止与流动，还有其声响效应和光影效应等，从中寄予一种人文意境。

3.2.2.1 静态水体的作用

静态水体可以产生镜像效果，能清晰的反映出周围物象的倒影，具有丰富景观层次、扩大景观视觉空间的作用。静态水体具有宁静平和的特征，能给人以舒适安详的感受。在设计中，应以尊重自然风貌为主，谨慎巧妙的进行设计，做到锦上添花，使水景设计浑然天成，而不是画蛇添足、牵强附会。

3.2.2.2 动态水体的作用

流动的水可以时环境呈现出活跃的气氛和充满生机的景象，对人们有聚集视觉焦点的作用。在进行动态水体的设计时，要依据设计总体思想，找出干扰视觉的物象因素，进行优化设计，对景观环境因素进行适度整治和建设，使流水形式与环境形式协调一致。

某广场中心阶梯水景

3.2.2.3　水体的声响效应

水流声具有导向作用，还能让人消除疲劳并增加园林景观的情趣。对水声的设计并不一定要改变水面高度，可以通过支流的汇入，增加水流量来提高水声，也可通过岩石的不同摆放，创造出不同音调和音质的水流声响，增添天然韵律与节奏，凸显空间乐感。

3.2.2.4　水体的光影效应

水体的光影效应具有营造环境氛围的作用。在特定的条件下，水能够形象且真实地反映出周围物象。平静的水面犹如一面镜子，当水面泛起涟漪时，便打破了那清晰的倒影，景物的成像随之破碎呈现出色彩斑斓的迷人景象。水面反映的淋漓波光可以引发人们内心的悸动和快乐。

3.2.3　水体的表现形式（常见造型）

水的表现形式可以通过水的形态、动态、深度及声音来呈现。

形态：冰（固态）、水（液态）、云（气态）。

动态：急流、涌流、瀑布、喷泉、水雾、渗流。

深度：从深不可测到仅仅亦称表面的水膜。

声音：从猛烈的瀑布轰鸣到潺潺流水，从冰雪消融的滴落声到溪流的飞溅声，从海水轻轻拍岸到惊涛击岩的碎浪声。

如果按水体的基本形状分类，常见的造型大致又可分为点状水体，如喷泉；线状水体，如瀑布和水道；面状水体，如水池。

常见的水体造型分述如下。

3.2.3.1　喷泉

水体因压力而喷出，形成各种各样的喷泉、涌泉、喷雾等，总称为喷泉。喷泉又可大致分为普通喷泉、旱喷、雕塑喷泉、水雾等。普通喷泉是比较常见的形式，一般有水池喷泉、浅池喷泉、自然喷泉、舞台喷泉、盆景喷泉等形

某公园井口瀑布水景

某休闲酒店外水景

式。旱喷是将喷头等设备隐于地面以下所形成的环形、矩形等多种形状的喷泉形式，也可喷水雾。旱喷不喷水时，可做活动场地使用。雕塑喷泉是喷泉与雕塑结合的形式。水幕是成排喷水形成像幕墙一样的水体景观，也有与墙体或玻璃结合形成的水体形式，水流贴着构筑物，流速流量都很有限。

3.2.3.2　瀑布

瀑布是水体从岩石或人工构筑物表面近乎垂直流落下来的水体景观。瀑布可分为水体自由跌落的瀑布和水体沿斜面或台阶滑落的跌水等两种形式。这两种形式因瀑布溢水口高差、水流、水量、水流斜坡面的不同，可产生千姿百态的形式。

水体自由跌落瀑布主要有自然瀑布景观和人工瀑布景观两类。人工瀑布的用水量较大，通常采用循环水的方式。跌水是水流沿着阶梯或斜面滑落所形成的瀑布，垂直高度不超过 1m。跌水的形成更多依托于人工构筑物。人工构筑物可以是台阶式、墙体或倾斜的底平面。其中跌水面如果是平面，最好和水平面有 5°～10° 的倾斜。跌水的不同效果取决于人工构筑物的形式、水量的大小、流水表面的粗糙程度等因素的不同选择方式。

3.2.3.3　水池

水池是呈面状的水体形式。水池水体有动静之分。

动态的水池有喷水池、瀑布池、水流动的活水池，以水的活动形态为主要欣赏对象；静态的水池是以周边景物在水中的倒影为主要欣赏对象。

除此之外，水池水体的形式与水池边界限定方式有关。水池因限定方式不同而大小不同，且具有各种平面形态。其中，限定因素可以是池岸、构筑物、植物、雕塑等，水池形态主要采用几何形或自然形。

另外水池池底和池壁的颜色选择也十分重要，可反衬水体的整体效果。为了展示水体更好的反射效果，水池尽量采用较暗的颜色。有的水面在白天几乎没有反射，原因在于池壁和池底是醒目的浅色，反之，水池用黑色材料即使在阴天，水体也会形成清楚的倒影且水池的内部是难以看清的。当然，

某广场水景雕塑

某滨海度假地休闲区

这种方法只能用在装饰性的水池中，而漆黑的泳池会让人望而却步。池底采用暗色不仅可以遮掩一些功能设施，如水草池或踏石下的支撑结构等，而且，让人对水池的深度难以捉摸，增加了神秘感。暗色池底还能保证较浅的水池也有较好的视觉效果，从而节约建设成本。

3.2.3.4 水道

水道原是指有地表呈片流和分散的细流组成的地表径流，且处于经常性流动的水体形态。如今水道除上述水体形式外，还包括具有在长度上的线性延伸特征的各种人工水道。水道的限定因素是水道设计的重点，它影响到水流的形态和水面的形式。限定水流的护岸、临水的建筑物与构筑物、植物等形式都是重要的设计因素。

3.2.4 水体的运动类型

水体设计中，依照水体的运动状态可分为平静、流动、跌落和喷涌等四种基本水体类型。设计中，往往不只使用一种。可以以一种形式为主，其他形式为辅，也可以几种形式相结合。

水体的四种基本形式反映了水从源头（喷涌式）、到过渡（流动式或跌落式）、到终结（平静式）的一般运动规律。在水体设计中，可利用这种过程创造水景系列，容不同水的形式于一体。

常见平静的水体类型有湖泊、水池等；流动的水体类型有水道、溪流、水渠等；跌落的水体类型有瀑布、水梯、跌水、水墙等；喷涌的水体类型有喷泉、涌泉、雾泉等。

3.2.5 水体要素的设计与组织

3.2.5.1 水体设计与组织的基本原则

1. 以自然生态平衡为基点

若原场地中已有水体，则应尊重设计场地中原有水体的特征，顺应自然，因势利导，主要做些水体的梳理工作，弱化过度的人工手段与绝对的控制，使新的设计对原环境生态的影响减少到最低，并有利于生态条件的进一步改善。若原场地无水体，需新增人工水体的话，应对人工水体数量与面积做适度的把握，避免资源的浪费。另外，驳岸等容体形态和材料应多利用当地的乡土材料和乡土植物，多运用一些自然的元素。

如设置水景一定要注意与其他部分协调起来，以保证整体效果，使软、硬质景观更加完美和谐。这一原则既适用于新建水景的设计，也适合于对现有水景的改建、修复。

在设计水景时，要考虑气候因素。在热带地区，因蒸发迅速，需不停的补充水量，水量过小是不现实的。同

某酒店前广场音乐水景

某商务会馆外水景

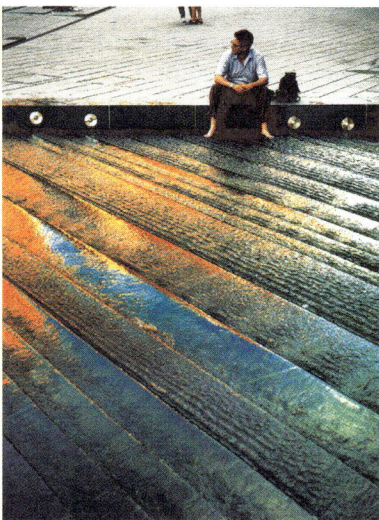
某休闲广场水景

样，在寒冷地区，水景的设计应该考虑适应冰冻气候或者方便每年一次的排空。

由于水具有多种特性，特别在城市环境中，引水造景和维护可能要花很多钱，这也可能产生安全问题。它汇集垃圾、灰尘、漂浮泛滥、水体滋长蚊蝇野草，它会泛滥成灾，侵蚀水岸，淤积泥沙。水是生态系统中动态性、转化性要素，设计师必须决定：是提供不受植物或其他生物影响的一泓清水还是提供一个取得平衡的生态系统。如果是前者，就要使用经过过滤的循环水，注入人工水塘并经常予以净化。在冬天和关闭修理清洁期间，要抽干水还必须通过装点使之美化；如果是后者，它就需引用底土、植物和养鱼，这些将组成一个完整的营养循环。此外，还有藻类、淤泥和昆虫栖息，构成循环的一部分。就像朽木枯枝也是天然森林的一部分一样。一个清澈的水池，可以极浅，可以设在任何地点。一个具有生态平衡的水池，要使小鱼在冬季能成活，需要阳光，需要至少一英尺半的深度。这两种水池都需要砌筑、踩实黏土或塑料布衬底以防止渗漏。

2. 合乎场地环境和功能需求

水体设计，尤其是水体形态的选择，应与所处环境具有一致性，符合景观场所的环境特征和氛围，同时，应根据不同景观功能的需要，安排不同的水景形式，以凸现场所的功能特性。

水景设计时要考虑到国家和地方涉及水的法规，切忌水景用水量过大。不仅因为费用高昂，而且在旱情发生时，大量用水更加难以实现。

3. 注重人的心理的多元需求

重视人的亲水性，水体的设计应契合人的心理需求，突出可赏、可乐、可游等特点。在注重营造水体观赏性的同时，为人们在水景中的参与与互动活动创造更多的机会。

3.2.5.2　水体设计与组织的基本步骤

1. 分析环境空间性质

在进行设计之前，首先应进行水体周围环境的综合调查分析，其中包括地貌、水文、植被、色彩、临近风景、人文景观等诸多因素。水体设计要尽量顺应场地特征，使场地的原有要素不受干扰破坏，或控制在最小的承受范围之内。其次要分析场地的空间属性，包括空间尺度、形状、材料、质地等，对水体塑造的空间进行界定，包括平面因素和里面因素的综合分析。

2. 确定水体类型和功能

基于场地环境分析基础，并充分考虑使用人群的需求及心理行为因素，应对水体进行定性，包括确定水体使用功能、大体形式、水体运动类型等。

水体功能概括起来，可分为主景功能、基底功能、纽带功能、主题功能和限制视距的五大类功能。

（1）主景功能。景观艺术中常利用动态水景的形和声，配合以灯光照明等设施，安放在某一空间的主景的位置，成为令人瞩目的视觉中心。

（2）基底功能。当水面宽大，形成面的感觉，托浮水岸和水中景物并形成丰富倒影时，则水面承担了景观基底的功能。

（3）纽带功能。景观艺术中，常用水体要素将各个散落的景点和空间接起来，形成统一的整体，这就是水体的纽带功能。

（4）主题功能。现代景观中常有以水为主题，贯穿整个景观设计的主题公园景观形式，即各个景区均以水为主题。将水的各种形式和状态的表现手法融为一体，使水的特性发挥得淋漓尽致，同时主题特色鲜明。

（5）限制视距。景观艺术设计为达到某一艺术效果，常有采用强迫视距的处理手法，即利用水体、道路等，迫使游人不得不经过或处于某一视点位置，从而观赏到主景最优美或最具震撼力的艺术构图效果。

3. 确定水体的尺度、比例和具体形态

景观环境中水体的尺度与比例是需要重点控制和把握的。水面过小会因局促而难成气候，水面过大又会使空间显得散漫空洞。水面的大小是相对的，相同面积的水面在不同的空间环境中会给人完全不同的感觉，关键在于水面与空间环境的尺度要协调，比例要恰当。一般来说，小尺度的水面给人以亲切、宁静的感觉，较适合庭院、街头小游园等小型安静的空间；大尺度的水面给人气势浩瀚、开放之感，强调公共性，更适合于大型城市广场或城市公园等。

除了水体面积之外，水体的形态也应与周边环境保持良好的关系，且应聚分有致。通常，水面聚，则宽广明朗、气势宏大；水面分，则似断又续，与建筑、植物相互掩映，萦回怀抱，景色幽深；时分时聚，且各水体面积相差悬殊，则易收到小中见大、变幻莫测的艺术效果。相同面积的水体会因其形态聚分之不同而形成迥异的空间氛围。在传统私家园林中，通常小园处理以聚为多，大园则有聚有分。现代景观艺术设计中，考虑到游人众多，故而在小型空间中宜以分为主。主要采取瀑、溪、涧等线性水体偏于边角布置，留出更多的用地供游人逗留，而大型景观空间则可聚分结合。

4. 容体材料选择

一方面要全面考虑水体运动性质对容体材料的要求，还应考虑与周围环境之间保持积极的联系；另一方面，选择的容体材料要充分与空间环境和谐统一，应尽量使用乡土材料。

5. 景观状态分析

水体塑造的目的是利用水体的各种形态特征与环境景观相结合来影响人的情绪。通过感官给人们以心理和生理上的满足。要求对场地进行细致的分析，对人的行进路线和心理行为即观景状态进行把握，选定出较好的观景位置，一是满足定点观景要求，二是满足动态观景要求，使人获得较好的视觉心理感受。

某住宅小区外滨河景观

3.2.5.3 水体设计与组织形式

一般来说，水景可以分为规则式（人工味很强）和自然式（自然或模仿自然形态的）。规则式水景一般适合小尺度的园林庭园景观，或者大尺度园林景观中的建筑周边位置。而自然式水景与自然景观和乡野庭园更容易相互融合。

1. 规则式水景

规则式水景即人工开凿呈几何形状的水面，如运河、水渠、池、水景及几何形体的喷泉、瀑布等，常与雕塑、山石、花坛等共同组景。

规则式水景的规模、形状和位置应该根据现有景物来确定。水景应该纳入参考网格布置，从而能与其他元素紧密联系并成为整体不可分割的部分。自然式水景讲求含蓄和多变，与自然式水景相比，规则式水景讲求简洁明了。

2. 自然式水景

自然式水景是天然的，或模仿天然形状的河、湖、溪、涧、瀑、泉等，在园林中多随地形而变化。

如果庭园中已经有了自然式的水体，方案设计时要把它作为重点，并纳入整体环境中考虑。具体来说可能涉及架设园桥，调整水流方向以种植水生植物等。规则式水景也可以由自然式水源补给，但二者的风格要协调。设计自然式水池前，一定要对自然环境中的池塘多加观察和揣摩，好的设计会让人觉得水景仿佛已经存在很久了。仔细领悟自然水体是如何影响周围环境的，这种影响在丰水期和枯水期尤为重要。

自然水体可能不会恒久存在。水体通常位于场地的最低处，水面标高是关系到众多问题的关键数据。如果将水池特意布置在高地或坡地上，除非位于自然的凹陷处，否则会给人不真实的感觉。

场地等高线的形态也要仔细考虑，因为水体边缘本身就是一圈等高线，如果水体形态或者水边地形的倒影看上去不自然，整个水景就显得矫揉造作。要特别留意水体所形成的自然形态，如水流怎么样绕过或穿过障碍物的，在岸际处又是如何流动的，对这些有了充分的观察和领悟之后，水景设计才能做到自然真实。

人工水池最难处理之处是水陆交界处，往往由于采用混凝土护岸而显得脱离自然。通常，应该在能看清水底的近岸处就设法隐藏水池所采用的材料，驳岸可以用平缓的角度布置成软石浅滩并种植湿生植物，卵石位于正常水位下面，只有水位下降时才能凸现。

3.2.5.4 中国古典园林景观水体布局形式

中国古典园林用水从布局上可分聚集和分散两种形式：从情态上看，有静有动。

1. 集中用水

集中而静的水面能使人感到开朗宁静，一般中小型庭院多采用这种用水方式。其特点是：整个园以水池为中心，沿水池四周环列建筑，从而形成一种向心内聚的格局。采用这种布局形式常可使有限空间具有开朗的感觉，所以它尤其适合小型庭院。至于水池本身的形状，除个别皇家范围中的园中园采用方方正正的平面外，绝大多数均呈不规则的形式。采用前一种形式的如

某住宅小区景观园林水景

北海画舫斋，由于水池充满了整个庭院，因而便没有余地种植花木，加之平面过于反正，这样的水院虽开朗宁静但不免有几分空旷单调。采用后一种形式的如苏州畅园、鹤园、网师园和颐和园中的谐趣园等，虽也以水池为中心，但由于水池和建筑物之间或多或少的留有空隙，因而便可借以种植花木或堆叠山石，从而使庭院空间富有自然情趣。

还有一些园虽也属集中用水，但却使水池偏处于庭院的一侧，这样便可腾出大块面积供堆山叠石并广种花木，从而形成一种山环水抱或山水合半的格局。一般地讲，这种布局方法较适合于大中型庭院，如苏州艺圃和留园中部景区就是属于这种情况。

集中用水的原则也同样适用于大型皇家苑囿，例如北海、颐和园以及圆明园中的福海就是大面积集中用水的典型。《园冶》所谓"纳千顷之汪洋，收四时之烂熳"的情景只有在这样的大圆中才有领略的可能。但由于水面过于辽阔，却不能像中小型庭园那样采用以建筑包围水面的布局方法。恰恰相反，常以水面包围陆地以形成岛屿，然后在岛的四周环列建筑，于是，便自然形成一种离心和扩散的格局。不过，从北海和颐和园两地看来，湖中之岛均偏于一侧，这样就把水面划分为大小极为悬殊的两个部分。大的部分异常辽阔开朗，小的部分则曲折幽深，两者对比颇为分明。特别是颐和园，由于对比极其分明，遂使后山显得格外幽静，同时又反衬出昆明湖的浩瀚无垠。

2. 分散用水

和集中用水相对立的则是分散用水。其特点是：用化整为零的方法把水面分割成互相连通的若干小块，这样便可因水的来去无源流而产生隐约迷离和不可穷尽的幻觉。某些中型或大型私家园林就是以这种方法而给人以深邃藏幽的感觉。分散用水还可以随水面的变化而形成若干大大小小的中心——凡水面开阔的地方，都可因势利导地借亭台楼阁或山石的配置而形成相对独立的空间环境；而水面相对狭窄的溪流，则起沟通连接的作用；这样各空间环境既自成一体又相互连通从而具有一种水陆萦回、岛屿间列和小桥凌波而过的水乡气氛。例如，南京瞻园以三块较小而又相互连通的水面代替集中的大水面从而形成三个中心。第一个水面较曲折而富有变化，第二个水面较开朗宁静，第三个水面虽小但却幽静，三者虽相对独立却又借溪流连成一体，于是便使人感到幽深。北海静心斋借水面变化所形成的中心更多、更曲折而富有变化。

对于大型皇家苑囿来讲，分散用水虽不能造成千顷汪洋那样一种浩瀚的气势，但却有助于获得朴素自然的情趣，例如承德离宫虽为皇家离宫别院却极力追求天然趣味。除离宫外，圆明园所采用的基本上也是属于分散用水的原则，水系变化更复杂：有的地方水面相对集中，有的地方则近似于娟娟溪流；有的地方分成若干小块，从而形成多中心的布局形式。所以严格说来，是综合了三种不同的用水方法。

某高档住宅小区水景

3.3 植物

景观植物就是指适用于景观绿化的植物，包括木本和草本的观花、观叶或观果植物，以及适用于园林、绿地和风景名胜区的防护植物、经济植物。在园林景观设计中，虽然花费在硬质景观上的精力、时间和金钱可能会更多，但园林景观中最令人难忘的往往还是植物。植物可以柔化人工材料的僵硬线条，并与之形成有趣的对比，使整个园林景观的设计和谐统一。

3.3.1 植物的作用

3.3.1.1 改善环境

植物对环境起着多方面的改善作用，表现为净化空气、涵养水源、调节气温及气流、湿度等方面，植物还能给环境带来舒畅自然的感觉。

园林景观的美在于整体的和谐统一。植物应该和硬质景观相协调。植物可以作为视觉焦点，例如在视线末端种植一株观赏树，或者用修建灌木将视线引导到凉亭上。可以通过密实的植丛限定空间，或者特殊植物标识出方向的转变，另外，植物还能引导交通流线。无论是在城市还是乡村，都可以利用植物来统一园林内外的景观。乡村园林中，种植乡土植物或者将其修剪成装饰形式，可以与周围环境相融合。城市园林中，植物的选择和布置可以模仿周边建筑的外形，也可以在外形上与建筑形成对比。

3.3.1.2 主景、背景和季相景色

植物材料可做主景，并能创造出各种主题的植物景观，但作为主景的植物景观，要有相对稳定的植物形象，不能偏枯偏荣。植物材料还可做背景，但应根据前景的尺度、形式、质感和色彩等决定背景材料的高度、宽度、种类和栽植密度，以保证前后景之间既有整体感又有一定的对比和衬托。背景植物材料一般不宜用花色艳丽、叶色变化大的种类。季相景色是植物材料随季节变化产生的暂时性景色，具有周期性，如春花秋叶便是园中很常见的季相景色主题。由于季相景色较短暂，而且是突发性的，形成的景观不稳定，因此通常不宜单独将季相景色作为园景中的主景。为了加强季相景色的效果，应成片成丛的种植，同时也应安排一定的辅助观赏空间，避免人流过分拥挤，处理好季相景色与背景或衬景的关系。

随着植物逐渐成熟和季节更替，植物的形态会发生显著变化。庭园中冬季的光秃景象与夏季枝繁叶茂的景象大相径庭。庭园新建时的景观与二十年后相比会差异很大。通过巧妙配置，保证四季皆宜，是种植设计中最大的

某城市园林景观

挑战之一。

3.3.1.3 障景、漏景和框景作用

障景是使用能完全屏障视线通过的不通透植物，达到全部遮挡的目的。漏景是采用枝叶稀疏的通透植物，其后的景物隐约可见，能让人获得一定的神秘感。框景是植物以其大量的叶片、树干封闭了景物两旁，为景物本身提供开阔的、无阻拦的视野，有效地将人们的视线吸引到较优美的景色上来，获得较佳的构图。框景宜用于静态观赏，但应安排好观赏视距，使框与景有较适合的关系。

3.3.1.4 结构和维护作用

利用植物材料创造一定的视觉条件可增强空间感，提高视觉和空间序列质量。植物可用于空间中的任何一个平面，以不同高度和不同种类的植物来围合形成不同的空间。空间围合的质量决定于植物的高矮、冠形、疏密和种植的方式。

某滨河景观带

在进行庭园布置规划时，考虑到使用植物来规划庭园的空间结构，就决定了是否保留现有乔木以及绿篱的线型和位置。结构性植物与硬质景观同样重要，因此，在塑造不同空间时，应尽早做出这些决策。适合发挥结构性作用的植物通常是可以常年维持高度和体量的乔木或灌木，但需要注意的是，有些多年生的大型草本植物也会显著地影响庭园的空间结构。

某住宅小区庭院景观

某生态园景观

景观中应该有足够的结构性植物以围合和塑造每个空间，形成一系列各具特色的四季园林空间。应该选择尺度、形状以及生长潜力均合适的植物来划分空间，避免为求近期效果使用生长过快的植物，因为它们可能会拥堵道路、阻挡视线，而修建后又会过于稀疏。

3.3.1.5　植物的非视觉品质作用

植物在庭园中最大的作用在于给人以赏心悦目的视觉享受，尤其是成群栽植更能形成动人的形式、纹理和颜色组合。但是在选择植物时，不要忽略了其他品性。

1. 香味

对于大多数人而言，园林中有芬芳的花香很重要。有些人对气味很敏感，但在狭小的空间中充斥着太多种浓香也可能令人反感。非专业人士可能感觉所有的玫瑰都能散发香味，实际上并非如此。在植物设计中要审慎选择。并非所有的香味在园林中都是受欢迎的，一般来说，植物花朵常常有甜雅的香味，叶片和树皮也会有芬芳的香味，但是，有些植物过于强烈的香味会吸引苍蝇，还有些植物散发着令人生厌的刺激性气味。

还有一些花木则是通过色彩变化或嗅觉等其他途径来传递信息的，如承德离宫中的"金莲映日"和拙政园中的枇杷园等主要就是通过色彩来影响人的感受的。金莲映日位于离宫如意洲的西部，为康熙三十六景之一。周围遍植金莲，与日月相呼应，如黄金覆地，光彩夺目。枇杷园位于拙政园东南部，院内广植枇杷，其果呈金黄色。每当果实累累，院内便一片金黄，故又称金果园。

通过嗅觉而起作用的花木更多了，例如留园中的"闻木樨香"，拙政园中的"雪香云蔚"和"远香益清"等景观，无非都是借桂花、梅花、荷花等的香气宜人得名的。

2. 声音

植物枝叶的摇动会发出声音。微风中，竹子会发出沙沙声，栖息在竹子中的野生动物，如小鸟的鸣叫声，可以为园林景观增加活力。随着景观植物的成熟，鸟的数量也会逐渐增多。

例如，拙政园中的听雨轩就是借雨打芭蕉产生的音响效果来渲染雨景气氛的。又如留听阁也是以观（听）赏雨景为主的。建筑物东南两侧均临水池，池中便植荷莲。留听阁即取义于李义山"留得残荷听雨声"的诗句。借风声也能产生某种意境，例如承德离宫中的"万壑松风"建筑群，就是借风掠松林而发出的涛声而得名的。万壑松风、听雨轩、留听阁等主要是借古松、芭蕉、残荷等在风吹雨打的条件下所产生的音响效果，而给人以不同的艺术感受。是借花木为媒介而间接发挥作用的，所创造出来的空间意境深深影响了人的感受。

3. 触觉吸引力

触摸植物可以带来很大的乐趣。儿童尤其喜欢这样做，如鸟羽般的青草，柔软的花朵和质地粗糙的树皮，仅仅是众多植物触觉体验中的几种。有些植物如长有刺状叶片的植物则有明显的威慑作用。

3.3.2 植物的分类

从方便种植设计角度出发、依据植物的外部形态可分为乔木、灌木、藤本植物、草本花卉、草坪和地被植物六类。

3.3.2.1 乔木

乔木是园林植物中的骨干，在分割空间、提供绿荫、调节气候、治理污染及提供景观季相变化等方面均起主导作用。乔木一般都具有较大的体量，有明显的主干，分枝点较高。依据高度差异可分为小乔木（5～10m 高）、中乔木（10～20m 高）、大乔木（20m 以上）；依据叶片形状特征及其四季叶片脱落的情况，乔木可分为常绿阔叶植物、常绿针叶植物、落叶阔叶植物和落叶针叶植物。

3.3.2.2 灌木

灌木长于提供尺度亲切的空间，利于屏蔽不良景物；由于接近人的视线，灌木的花色、果实、枝条、质地、形态等对于景观的构成起到很重要的作用；灌木对于减轻辐射热、防止光污染、降低噪音和风速、保持水土等起到很大的作用。灌木没有明显的主干，多呈丛生状或分枝点低至基部。灌木可分为大灌木（高于 1.5m）和小灌木（低于 1.5m）。

3.3.2.3 藤本植物

藤本植物是既具功能性又具观赏价值的最经济的一类植物。它仅需极有限的土壤空间，便可创造最大化的绿化美化效果。它可以作为垂直绿化手段美化和软化城市的立交桥、陡峭裸露的挡土墙、生硬的建筑外立面；可以形成绿屏来划分空间，形成绿廊、花架廊为人们提供良好的视景和片片荫凉；还具备生态防护功能，尤其在城市建、构筑物结构体系的防护及针对陡坡、裸露岩石土壤的绿化、调节小气候方面表现突出。藤本植物本身无法直立生长，需要借助细长的茎蔓、缠绕茎、卷须、吸盘或吸附根等器官，依附其他物体或匍匐地面生长。

3.3.2.4 草本花卉

草本花卉通常与地被植物相结合，组成特色鲜明的平面构图，布置成花坛、花池、花境、花台、花丛等景观形式；还具有保持水土、防尘固沙、吸收雨水等生态功能。草本花卉是具有观赏价值的色彩鲜艳、姿态优美、香味馥郁的草本植物。根据生长特性可分为一、二年生花卉、多年生花卉和水生花卉。

3.3.2.5 草坪和地被植物

草坪和地被植物均有助于减少地表径流、防止尘土飞扬、改善空气湿度、降低眩光和辐射热。草坪是指多年生矮小草本植物，经人工密植修剪后，叶色或叶质统一，具有装饰和观赏效果，或者能供人休闲运动的坪状草地。草坪是地被植物的一种，但因在现代景观中大量使用和显著的地位而被单列一类。草坪是园林植物中养护费用最大的一类植物。地被植物是指植株紧密、低矮、用于装饰林下或林缘或覆盖地面防止杂草滋生的灌木及草本植物。地被植物种类繁多，色彩斑斓，繁殖力强，覆盖迅速，维护简单，而且是构成自然野趣的有效手段。

垂直藤本植物景观小品

灌木草本植物景观花簇

3.3.3　植物设计的基本方法

3.3.3.1　设计过程

种植设计的具体步骤如下：首先研究初步方案。明确植物材料在空间组织、造景、改善基地条件等方面应起的作用，做出种植方案构思图。其次选择植物。植物的选择应以基地所在地区的乡土植物种类为主，同时考虑被证明能适应本地生长条件，长势良好的外来或引进的植物种类。也要考虑植物材料的来源是否方便，规格和价格是否合适，养护管理是否容易等因素。再次做出详细的种植设计。用植物材料使种植方案中的构思具体化，包括详细的种植配置平面图、植物的种类和数量、种植间距等。详细设计中确定植物应从植物的形状、色彩、质感、季相变化、生长速度、生长习性、配置在一起的效果等方面去考虑。最后完成种植平面图及有关说明。在种植设计完成后要着手准备绘制种植施工图和标注的说明。种植平面图包括植物的平面位置或范围、详尽的尺寸、植物的类型和数量、苗木的规格、详细的种植方法、种植坛或种植台的详图、管理和栽后保质期限等图纸与文字内容。

3.3.3.2　根据基地条件选择种植植物

由于生长习性的差异，植物对光线、温度、水分和土壤等环境因子的要求不同，抵抗劣境的能力不同，因此，应针对基地特定的土壤、小气候条件安排相适应的种类，做到适地适树。

3.3.3.3　植物配置

种植设计中不仅要注意每个种类植物的个性，也要关注它们在比例、形式、颜色、纹理、质感和季相变化等方面的共性，尽量保证园林四季有景。在进行植物配置设计时，应综合考虑植物材料间的形态和生长习性，既要满足植物的生长需要，为植物留出充足的生长空间，又要保证能创造出较好的视觉效果。

3.3.3.4　种植间距

无论是视觉上还是经济上，种植间距都很重要。稳定的植物景观中的植株间距与植物的最大生长尺寸或成年尺寸有关。在绘制种植规划图时，要按照成熟植株的大小来分配空间（标准做法是绘出其5年后的大致高度和冠

某园林植物景观

幅）。不仅平面图上需要绘出植物冠幅，立面图也要绘出植物高度和冠幅。不要试图以过小的间隔种植灌木，随着植物的生长很快就会导致拥挤，并且会造成乔木和灌木的外形很难看。因此，如果经济上允许的话，最好一开始可以种植得密些，过几年后逐渐间去一部分。在树木种植平面图中，可用虚线表示若干年后需要移去的树木。解决设计效果和栽植效果之间差别过大的另一个办法是合理搭配和选择树种。种植设计中可以考虑增加速生种类的比例，然后用中生或慢生的种类接上，逐渐过渡到相对稳定的植物景观。

3.3.4 种植设计的风格形式和布局

硬质景观的布置完成后，应该考虑如何利用植物来完善设计。建筑、环境和植物应该是相辅相成的统一整体。从这个角度而言，往往是建筑或者所处环境决定了种植设计的风格。种植设计中，首先要考虑采用规则式还是自然式来与建筑及其环境协调。

3.3.4.1 规则式种植

规则式设计以直线为基础，常用修剪植物形成图案规整的正方形、长方形或者圆形的边界。因为其简练的风格让人感觉安稳、舒适。在严格的几何形态中，繁茂的开花植物可以营造浪漫的效果。规则式园林的简洁风格使其不仅可以在传统园林中运用，而且与现代极简主义建筑也能很好地融为一体。

3.3.4.2 自然式种植

出于对自然保护的积极响应和返璞归真的追求，园林景观设计有一种模仿自然的风尚。园林种植在平面规划或园地划分上随形而定，景以境出。草地采取起伏曲折的自然状貌；树木株距不等，栽植时丛、散、孤、片植并用，以增加天然野趣，如同天然播种。是一种全景式仿真自然或浓缩自然的种植设计方式。

3.3.4.3 中国古典园林中的配植方式

中国古典园林中的配植方式师法自然，讲究入画，主要配置方式有孤植、点种、丛植或群植等。孤植，此种配置方式能充分发挥个体的色、香、姿特点，所选植物一般为姿态优美或有独特个性的植株，常作为庭院植物的主题。对于稍大的庭院空间，须以点种的方法在院内点种几株乔木，才能与环境协调。随着庭院空间的进一步扩大，仅点缀数株乔木依然不能使浓荫匝地，这时就须点种与丛植相结合，乔灌草相搭配，才能形成枝繁叶茂的气氛。群植适用于面积大的空间，如山林等。

3.4 空间

园林景观艺术设计实质是对空间的设计，是针对各种界面间的组合关系以及该空间的主体——人的感受所进行的设计。景观空间的设计与组织是景观艺术设计的重要内核，换言之，若一个户外的环境设计没有空间构筑的基本线索、空间的概念和空间的意义，这样的设计是没有灵魂的，也不可能产生景观的价值，更难以打动人心。

3.4.1 园林景观空间的基本概念和构成要素

从建筑学的角度来看，围合空间的三个界面是指底界面、垂直界面、顶界面，并以此手段形成了具有明确的范围和限定意义的建筑空间，与建筑室内空间相比，景观设计中的外部空间中顶界面的作用要小些，而底界面和垂直界面的作用更大些。

如果感觉户外空间这个概念难以理解，可以将其看做是户外的房间，犹如房间由地板、墙面和天花板围合而成，地平面、竖直面和顶面限定出户外空间。这样来理解，就更容易意识到园林景观虚实划分的三维效果及光线和水体的效果。空间并非表示"空旷、虚无"，不同的空间有自己特有的性格和情绪。例如围合的空间，可以给人以私密感，与之相对的则是外向视野的开敞空间，可能给人相反的感觉。

3.4.2　景观空间的基本类型

3.4.2.1　按围透关系划分

围合是空间的本质，渗透是丰富空间的手段。尽管空间是由围合而成的，但是如果仅是围合，空间将是封闭和不流畅的，并会给使用者在心理上有沉闷之感。因而考虑到功能和空间形态方面的因素，应适当减弱空间的围合度，根据空间围合的程度，景观空间可以分为较封闭、开敞和狭长空间三种类型。根据具体功能的要求并结合整体景观空间形态方面的考虑，三种类型的空间组合穿插，可丰富空间的变化和增加空间的层次感，并可有序地组织景观环境的视景展开。

空间的围合质量与封闭型有关，主要反映在垂直要素的高度、密实度和连续性等方面。高度分为相对高度和绝对高度，相对高度指墙体的实际高度和视距的比值，通常用视角或高度比表示。绝对高度指墙体的实际高度，当墙低于人的视线时空间较开敞，高于视线时空间较封闭。空间的闭合程度由这两种高度综合决定。影响空间封闭性的另一因素是墙的连续性和密实程度。同样的高度，墙体越空透，围合的效果就越差，内外的渗透就越强。

3.4.2.2　按形状划分

不同几何形态的景观空间因为特性各不相同，设计时有不同的特点。按形状分类的主要依据于景观空间的底界面在平面两个向度上的几何特性。景观空间依其不同几何形态可分为方形景观空间、圆形景观空间、锥形景观空间、不规则景观空间和复合景观空间等。

方形景观空间构图严谨、整齐、平稳，体现一种静态的平衡，单纯的方形景观空间适合于表达要求表情庄重和肃穆的场所。圆形景观空间具有向中心凝聚和向周边发散的特点，因此，圆形景观空间具有向中心的围合感，中央空间停滞，周边部分流动，这是圆形景观空间导向性的特点。锥形景观空间的平面基本形态是由三角形或由三角形和其他形态组合而成的，如果设计内容相同，这种形态的景观空间设计比方形景观空间生成不同空间形态结构的可能性要少，有着不稳定的表情，设计有一定难度，但通过合理和精心的布局，仍然可以得到巧妙的平面和有趣的空间。不负责景观空间可以看作是由一些基本的空间形式综合构成的，其空间表情是多变的、不定的，比较适合于一些轻松活泼的景观场所的设计。复合景观空间和上述类型相比，是在某一单一的空间形态中加入其他空间形态，使他们并置在一起，产生复合景观空间。这种空间的表情常常是多义、含混的，它的运用使景观空间体现出复杂性和矛盾性。

某商业大厦门厅

3.4.3　景观空间的规划和处理

空间规划和处理应从单个空间本身和不同空间之间的关系两方面考虑。

单个空间的处理应注意空间的大小和尺度、封闭性、构成方式、构成要素的特征以及空间所表达的意义或所具有的性格等内容。空间的大小应视空间的功能要求和艺术要求而定。大尺度的空间气势壮观，感染力强，常使人肃然起敬，多见于宏伟的自然景观和纪念性空间。有时大尺度的空间也是权力和财富的一种表现和象征，例如北京的颐和园、巴黎的凡尔赛宫苑等帝王园林中就不乏巨大尺度的空间。小尺度的空间较亲切怡人，适合于大多数活动的开展，在这种空间中教堂、漫步、休憩常使人感到放松自在。塑造不同性格的空间需要采用不同的处理方式。宁静、庄严的空间处理应简洁，流动、活泼的空间处理要丰富。

在实际的景观艺术设计中，几乎不存在单纯独立的空间形式，而通常是由若干空间的并存及其连接而形成的，因此如何将其有效地组织在一起是个十分重要的问题，运用空间对比、渗透和层次、采用空间序列组织的布局是规划和处理多空间关系的主要手法。

3.4.3.1　空间对比

空间的对比是丰富空间之间的关系，形成空间变化的主要手段。当将两个存在着显著差异的空间布置在一起时，由于大小、明暗、动静、纵深与广阔、简洁与丰富等特征对比，而使这些特征更加突出。南京瞻园就是采用小而暗的入口空间、四周封闭的海棠小院、半开敞的玉兰小院等一系列小空间处理入口部分，来衬托较大、较开敞的南部主要景区，我国古典园林有很多运用空间对比获得小中见大艺术效果的实例。

3.4.3.2　渗透和层次

园林空间的渗透与层次变化，主要是通过对空间的分隔与联系的关系处理所造成的。例如一个大的空间，如果不加以分隔，就不会有层次变化，但完全隔绝也不会有渗透现象发生，只有在分隔之后又使之有适当的连通，才能使人的视线从一个空间穿透至另一个空间。利用空间的渗透也可借丰富的层次变化而极大地加强景深的深远

某商业广场中心景观

感。某一对象，直接地看和隔着一重层次去看其距离感是不尽相同的。倘若透过许多重层次去看，尽管实际距离不变，但给人感觉上的距离似乎要远得多。古典园林，特别是江南一带的私家园林，都十分善于运用这种手法来丰富空间的层次变化，并借以造成一种极其深远和不可穷尽的幻觉。

大量设置完全透空的门洞、窗口可以使被分隔的空间达到互相连通、渗透的效果。江南园林，特别是苏州一带的私家园林在很大程度上就是借门窗洞口的设置而显得无限深远的。我国古典园林景观强调"步移景异"，"步移"标志着运动，含有时间变化的因素，"景异"则指因时间的推移而派生出视觉效果的改变。简单地讲只要人的视点一改变，所有景物都改变了原有状态以及相互之间的关系。被分隔的空间本来处于静止的状态，但一经连通之后，随着相互之间的渗透，若似各自都延伸到对方中去，所以便打破了原先的静止状态而沉声流动的感觉。通过一重又一重的门洞、窗口自一个空间看另外一连串的空间，若视点静止不变，所能感觉到的，仅是空间自身在流动，若视点由静止而运动，则所有的景物都随之处于相对位移的变化之中，这种变化连同空间的流动，常可引起人们极强烈的快感。如若连续地设置一系列窗口，其动感的效果更加有趣。如自留园入口向东经曲谿楼、西楼底层去五峰仙馆的那一段空间，既曲折狭长，又暗淡封闭，搬来是会使人感到单调沉闷的。然而由于在临中部景区的一面侧墙上一连开了 11 个门窗洞口，而且各个洞口无论在间距、大小、形状和通透程度上都不尽相同，每当穿过这条空间时，人们便可透过这一列富有变化的洞口来窥视外部空间的景物，不仅可以获得时隔时透，忽明忽暗，既有连续性又充满变化的印象，而且还因洞口的形式各异，而具有明显的韵律节奏感。

古典园林中的"对景"也属空间渗透的范畴。"对景"是透过特意设置的门洞或窗口去看某一景物，从而使景物若似一幅图画嵌于框中。由于隔着一重层次看，因而便显得含蓄深远。比较常见的一种形式就是自门洞的一侧空间去看另一侧空间内的某一景物，如自拙政园中的枇杷园的内院透过圆洞门看雪香云蔚亭。如有合适的条件还可以透过两重或更多的层次去看某一对象，例如颐和园西南部石丈亭小院，院内耸立着一块山石，以此为对象，借着近处的圆洞门和远处的空廊便可构成一种对景关系，特别是透过空廊和圆洞门两重层次来看这块山石，其可见层次的变化尤为丰富，景物愈加显得含蓄深远。

框景和借景的手法与对景相似。框景也是透过一重层次去看某一景物，如果说对景所强调的重点在所对的景上，那么框景所强调的似乎稍偏重于框的处理，这就是说框的处理较富有变化。至于借景，一般是指把园外景色

某住宅小区业主会所入口

引入园内，而景，系泛指，并不限于某一确定的主题或对象，同时也不强调必须镶嵌于某种形式的框内。对景、框景和借景，都不外是把彼一空间的景物引入此一空间，因而都具有空间渗透的性质。

3.4.3.3　空间序列

空间序列组织是关系到园的整体结构和布局性，具有多空间、多视点和连续变化等特点，是按某些原则把孤立的点（景）连接成为片断的线（观赏路线），进而把若干条线组织成为完整的序列。其中最根本的因素就是观赏路线的组织，有什么样的观赏路线，就会产生与之相适应的空间序列形式。

最简单的一种观赏路线是呈闭合的、环形的观赏路线，一般小园多根据这种形式的观赏路线来组织空间序列。其主要特点是：建筑物沿园的周边布置，从而形成一个较大、较集中的单一空间；在多数情况下园的中央设有水池，建筑物均面向水池以期造成一种向心、内聚的感觉；主要入口多偏于园的一角，为避免一览无遗或借山石遮

某私人别墅游泳池入口

某住宅小区景观入口

挡视线，或特意设置较小、较封闭的空间以压缩视野，从而使进入园内主要空间时可借对比作用而获得豁然开朗之感；进入园内经由曲廊引导沿园的一侧走向纵深处，为避免单调可视廊之长短点缀亭榭一二，既可加强吸引力，又可在此稍事停歇以观赏园景；过此至园内主要厅堂，不仅轩楹高爽，而且空间开阔，可一览园的全貌，从而形成高潮；过主要厅堂沿园的另一侧返回入口，建筑较稀疏，气氛较松弛，待接近入口处再小有起伏，进而回到起点。以上特点可归纳为开始段—引导段—高潮段—尾声段几个段落，虽然并非每一个园都可机械地纳入到这种模式中去，但凡属这种类型的空间序列，终究包含了不少共同的特点。

另一种空间序列是按照贯穿形式的观赏路线来组织的。这种空间序列常呈串联的形式，和传统的宫殿、寺院及四合院民居建筑颇为类似，即沿着一条轴线使空间院落一个接一个地一次展开。所不同的是宫殿、寺院、民居多呈严格对称的布局，而园林建筑则常突破机械的对称而求富有自然情趣和变化。例如乾隆花园，尽管五进院落大体上沿着一条轴线串联为一体，但除第二进外其他空间院落都采用了不对称的布局形式。另外，各院落之间还借大与小、自由与严谨、开敞与封闭等方面的对比而获得抑扬顿挫的节奏感。这种类型的空间序列由于具有比较明确的轴线，故在空间组织上没有设置引导段的必要。但为求得统一，还必须突出其中的某个主题，以期形成高潮。乾隆花园就是借符望阁的高大体量而使得第四进空间院落成为整个序列的高潮的。过此之后还有一进院落，可视为序列的尾声。这种贯穿式观赏路线忌呆滞、死板，应力求曲折变化。

观赏路线呈辐射状也是空间序列的一种形式。这种空间序列的特点是：以某个空间院落为中心，其他各空间院落环绕着它的四周布置，人们自园的入口经过适当的引导首先来到中心院落，然后再由这里分别到达其他各景区。中心院落由于位置比较集中，又是连接各景区的枢纽，因而在整个空间序列中占有特殊地位，若稍加强调，便可成为全园的重点。

有的采用综合式的空间序列形式。如苏州的留园，其空间组成异常复杂，就整体来看几乎很难找到一条明确的观赏路线以及与之相适应的空间序列。但尽管如此，还是可以把它划分成为几个相互联系的"子序列"，而这些子序列也不外分别采用或近似于前述的几种基本序列形式。留园入口部分近似于串联的序列形式；中央部分基本呈环形序列形式；东部则兼有串联和中心辐射两种序列形式的特点。其观赏路线表现为往复、迂回、循环和不定等特点，具有包容性和不定性。

3.4.3.4 视线的特征和错觉对空间的影响

空间尺度由于光线、色彩、质感和细部而加强和改变。人眼根据许多特征判断距离，有些特征可加控制以夸大或缩小明显的纵深，如远处的物体为近处的物体所重叠；配置在纵深的物体从移动中的视点去看，产生视差运动；视线以下的物体越远越有向地平线"上升"的特征；物体越远，尺度越小，质感越细，颜色变蓝；或者平行线明显汇集于消灭点等。有节制地使用、控制这些特征，会提高空间效果。

空间特征随比例和尺度而改变。比例是各部分的内部关系，可以在模型中加以研究。尺度是一个对象的

某公共中心入口

大小和其他对象大小之间的关系：其他对象包括广阔的天空、周围的景观、观察者自己。由于人眼的特征和人体的尺度，外部空间的一些数值会使人感到舒适。我们可以从约 1200m 处辨别出人，从 25m 处辨认出他，从 14m 处看清他的面部表情，并能从 1 ~ 3m 处感到他是欢喜还是困扰。最后一个尺度的室外空间看来已小得令人难以接受。

人们游览景观的视角和方式也影响和决定效果。一个物体的主要尺度与它到观察者眼睛的距离相等则难以看清它的全貌，而只能审视它的细部。当距离拉大 1 倍时，物体就能作为一个整体而呈现；当距离拉大到 3 倍时，它在视野中仍然是主体，却显示出与其他物体的关系。当距离增加到主要尺度 4 倍以上，物体成为全景中的一项要素，除非它具有特别的引人注目的素质。室外围合空间的墙高与空间地面宽之比为 1∶2 ~ 1∶3 感觉最舒适，如果这个比值降低到 1∶4 以下时，空间就会缺少封闭感。如果墙高大于地面宽，人们就不会注意天空了。这时，空间变成坑、沟或室外的房间。基于人体解剖学的视觉法则的另一个例子是，在视线高度如果有狭窄的障碍物或者作为视觉终端的垂直面，视觉会感到模糊。在这个敏感的高度，视野应当保持畅通无阻，否则，视野就会受到关键性阻碍，视线高度避免设置栏杆。

3.4.3.5　光线和色彩的运用对空间的影响

光线和色彩的设计影响景观空间，一个熟悉的广场在人工照明灯下会显得神秘；蓝色和灰色的表面似乎在远隐；暖而强烈的色彩看来却在逼近。光，它能使空间的界面鲜明或模糊，它能加强轮廓或质感，它也能掩藏或展现、缩小或扩大空间的尺度。物体正面受光显得平淡，侧光之下产生立体感，这正是早晨和黄昏耀眼的光线或热带骄阳直射所产生的效果。物体的形状可以通过明亮的背景衬出其轮廓而加以强调。由下而上反射的光产生意外的特性，既可能是戏剧性的，也可能是扰人的。从有阴影的树林外看到的一个有光亮的开口，是一种有戏剧性的背景。因此，设计师利用面的方位和形态，布置门窗开口、投射阴影、反映或滤去光线，以造成光的效果。人工光源更易掌握，更富戏剧性。人工照明能修饰一个空间，在太阳下山后甚至能创造空间，改变质感，突出出入口，

某住宅小区景观休闲区

某花园景观

指示路网结构或活动的出现，赋予特征。优美的树或纪念碑能形成喜剧效果，流水可以搞得波光粼粼，变幻的灯光本身就是迷人的展示。但人造光源较昂贵，并受技术和安全以及照明功能要求的限制。

某广场不锈钢时钟雕塑

第4章 园林景观设计方案表达

4.1 平面、立面、剖面与透视

在景观设计的不同阶段，图纸所要求表现的深入程度是不同的。以下介绍的景观设计中平面、立面、剖面图的画法，仅为方案阶段的表达深度。景观设计的施工图除了下述图纸外，还要补充各种景观设计细部节点构造详图、场地中建筑物或构筑物的施工图、花木栽植施工图、水电施工图、竖向设计等。

4.1.1 平面图

平面图是地图的一种。当测区面积不大，半径小于10km（甚至25km）的面积时，可以水平面代替水准面。在这个前提下，可以把测区内的地面景物沿铅垂线方向投影到平面上，按规定的符号和比例缩小而构成的相似图形。

平面图表达的内容

园林景观设计平面图是指景观设计场地范围内其水平方向进行正投影而产生的视图。平面图主要表达场地的占地大小，场地内建筑物及构筑物的大小及屋顶形式和材质、道路与步行道的宽窄及布局、室外场地（主要指硬质场地）的形状和大小及铺装材料、植物的布置及品种、水体的位置及类型、户外公共设施和公共艺术品的位置、地形的起伏及不同的标高等。

平面图的画法

（1）先画出基地的现状（包括周围环境的建筑物、构筑物、原有道路、其他自然物以及地形等高线）（稿线）。

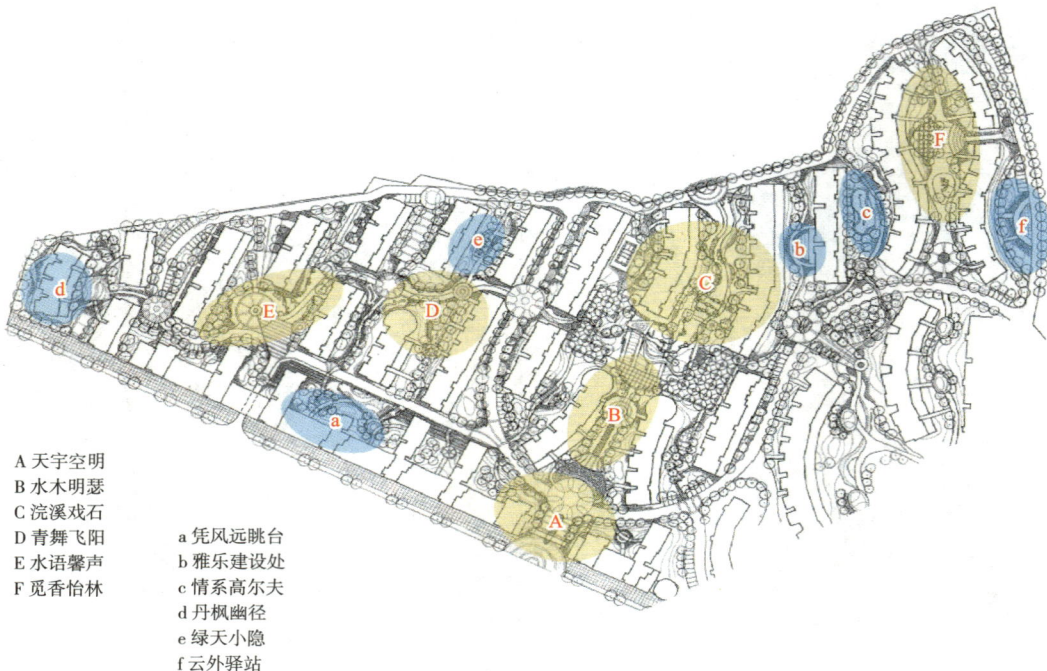

A 天宇空明
B 水木明瑟
C 浣溪戏石
D 青舞飞阳
E 水语馨声
F 觅香怡林

a 凭风远眺台
b 雅乐建设处
c 情系高尔夫
d 丹枫幽径
e 绿天小隐
f 云外驿站

现代米罗二期园林环境方案扩初
江西恒茂房地产开发有限公司新建分公司

ARFARFEI

003

景观概念分析图

车行路线
人行路线
地面停车

交通系统分析图

建筑
水体
绿化

绿化分布示例分析

1 MAIN ESTATE ENTRANCE（VEHICULAR & PEDESRIAN ACCESS）小区主入口
2 SECONDARY ESTATE ENTRANCE（PEDESTRIAN ACCESS ONLY）人行出入口
3 ENTRANCE PLAZA 入口广场
4 WOODEN DECK 木栈道
5 VIEWING PAVILION（WITH FIBER CLOTH TENT）膜结构广场
6 CENTRAL QUARE 中心广场
7 WOODEN BRIDGE 木桥
8 FOCAL FOUNTAIN & SCULPTURE 喷雾雕塑
9 ACESS ON WANTER 水景观
10 VIEWING DECK/PAVILION 观景平台
11 OPEN SITTING AREA 开敞休闲空间
12 BADMINTON'S CONRT 羽毛球场
12 CHILDREN'S PLANGROUND 儿童游乐场

14 CHILDREN'S GARDEN MAZE 儿童趣味迷宫
15 TREE-SHADED AVENUE（WITH WATERFALL）林荫道
16 EXERCISE STATION 健身休闲场所
17 GOLF PUTTIN GREN 迷你高尔夫
18 FOOT REFLEXOLOGY ROAD 足底按摩道
19 SUNSHINEING GRSSLAND 阳光草坪
20 FIRE ENGINE ACCESS CONCEALMENT 隐蔽式消防车道
21 BLOCK CAR DROP.OFF AREA 行车转换空间
22 ROUND.AROUT 环道
23 SURFACE CAR PACK（ON GRASS CELLS）户外停车场

园林环境总平面图

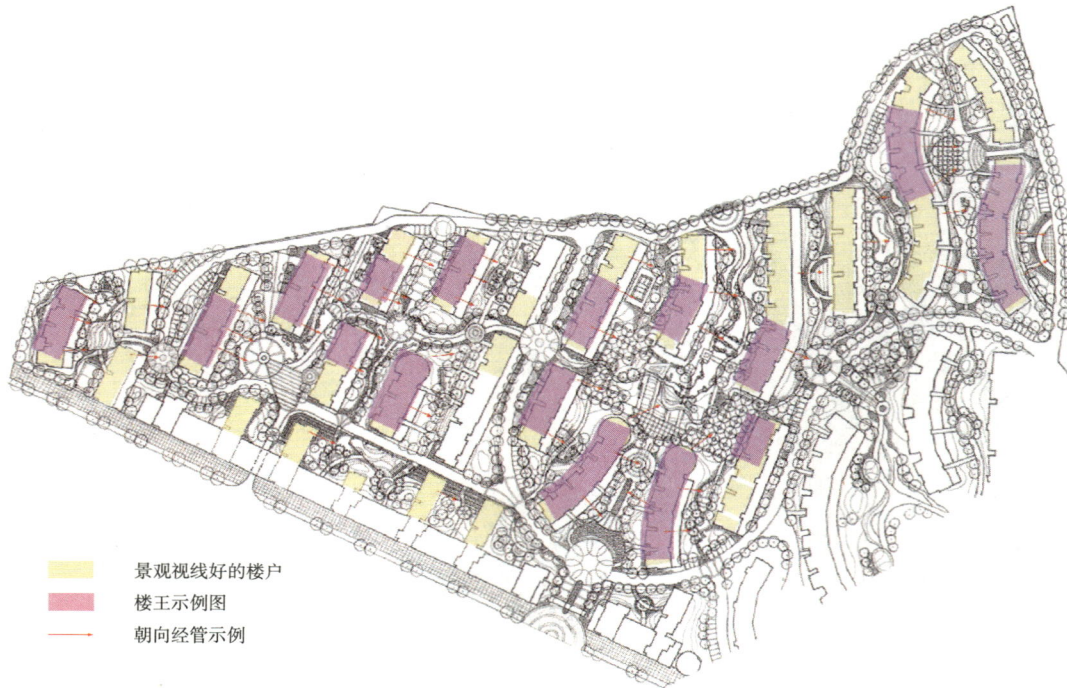

景观视线好的楼户

楼王示例图

朝向经管示例

现代米罗二期园林环境方案扩初
江西恒茂房地产开发有限公司新建分公司

ARFARFEI

009

景观朝向分析图

（2）依据"三定"原则，把景观设计中的相关设计内容的轮廓线画入（稿线）；"三定"即定点、定向、定高。

"定点"即依据原有建筑物或道路的某点来确定新建内容中某点的纵横关系及相距尺寸；

"定向"即根据新设计内容与原有建筑物等朝向的关系来确定新设计内容的朝向方位；

"定高"即依据新旧地形标高设计关系来确定新设计内容的标高位置。

（3）画出景观设计中的相关设计内容的划分线和材料图例（如地坪划分和材料、室外场地的划分和材料、植物、水体等），地形的等高线（稿线）。

（4）加深、加粗景观设计中的相关设计内容的轮廓线，再按图线等级完成其余部分内容。其中，各相关设计内容的轮廓线最粗，其余次之。

景观设计平面图的绘制应注意图面的整体效果，应主次分明，让人一目了然，避免因为表达的内容多了而造成图面混杂和零乱。平面图中还应标明指北针和比例尺，有必要时还需附上风向频率玫瑰图。

4.1.2 立面图

立面图的表达内容

景观设计立面图是景观设计要素在场地的水平面的垂直面上的正投影。景观设计的立面图亦如建筑设计的立面图一样可根据实际需要选择多个方向的立面图。

景观设计立面图主要表达了景观设计在垂直方向上的轮廓起伏和节奏、地形的起伏标高变化、设计所用树木的形状和大小、建（构）筑物及户外公共设施和公共艺术品的高、宽、体量等。

立面图的画法

（1）依据景观设计平面图画出其建筑物或构筑物等景观要素相应的水平方位，画出其轮廓线（稿线）。

（2）画出地平线（包括标高的变化）（稿线）。

入口绿化
组团绿化
中心绿化
行道绿化

现代米罗二期园林环境方案扩初
江西恒茂房地产开发有限公司新建分公司

ARFARFEI

007

绿化区域划分

消防车环道
隐蔽式消防车道
消防扑救面

现代米罗二期园林环境方案扩初
江西恒茂房地产开发有限公司新建分公司
005

消防行车路线及消防扑救面示意图

小区道路照明
宅间绿地照明
入口照明区
组团照明区

现代米罗二期园林环境方案扩初
江西恒茂房地产开发有限公司新建分公司
010

灯光概念示意图

（3）画出建筑物或构筑物的高度体量以及树木等的轮廓线等（稿线）。

（4）加深地坪剖断线，并依次按图线的等级完成各部分内容。其中地坪剖断线最粗，建筑物或构筑物等轮廓线次之，其余更细。

4.1.3 剖面图

在园林制图中，还有一种非常重要的图纸表现方法，就是剖面图。在投影图中，我们一般将看不见的内部结构或被遮挡住的外部轮廓用虚线表示。但是由于某些物体，如园林建筑、景观小品设施等的外部轮廓或内部结构较为复杂，在投影的绘制中会出现许多虚线，这些虚线交错复杂，给制图和识别带来了极大的不便。为了解决这一问题，可以采用剖视的方法来绘制图纸。此外，景观本身与建筑构件、机械构件不同，仅仅用平面图、立面图以及透视图，不能完整地表现景观的全部。当需要表现重要的景观节点部位或景观带时，立面图、平面图是不能完成的，透视图的表达角度等也不甚理想，这就需要剖面图来完成，剖面图可以准确地看出剖切部位的景观组成成分以及相互间横向、竖向的关系。

立面图

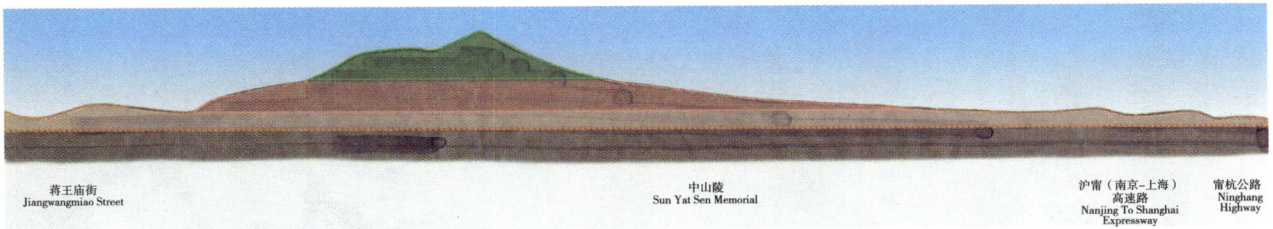

| 蒋王庙街 Jiangwangmiao Street | 中山陵 Sun Yat Sen Memorial | 沪宁（南京-上海）高速路 Nanjing To Shanghai Expressway | 甯杭公路 Ninghang Highway |

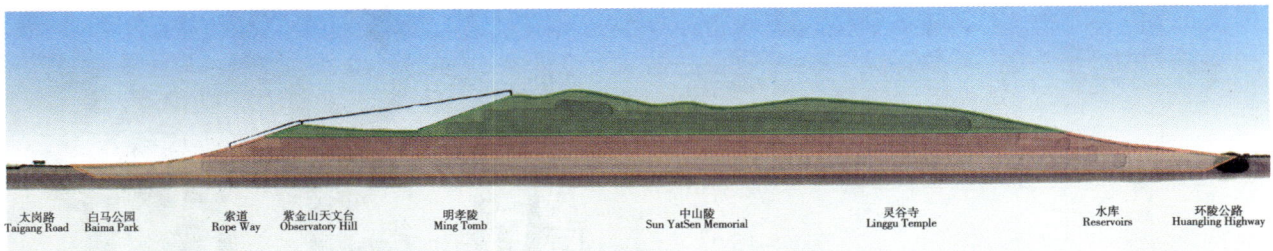

| 太岗路 Taigang Road | 白马公园 Baima Park | 索道 Rope Way | 紫金山天文台 Observatory Hill | 明孝陵 Ming Tomb | 中山陵 Sun YatSen Memorial | 灵谷寺 Linggu Temple | 水库 Reservoirs | 环陵公路 Huangling Highway |

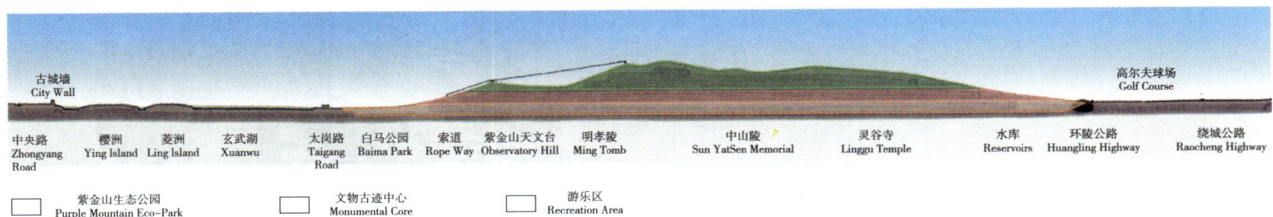

| 古城墙 City Wall | | | | | | | | 高尔夫球场 Golf Course | |
| 中央路 Zhongyang Road | 樱洲 Ying Island | 菱洲 Ling Island | 玄武湖 Xuanwu | 太岗路 Taigang Road | 白马公园 Baima Park | 索道 Rope Way | 紫金山天文台 Observatory Hill | 明孝陵 Ming Tomb | 中山陵 Sun YatSen Memorial | 灵谷寺 Linggu Temple | 水库 Reservoirs | 环陵公路 Huangling Highway | 绕城公路 Raocheng Highway |

| 紫金山生态公园 Purple Mountain Eco-Park | 文物古迹中心 Monumental Core | 游乐区 Recreation Area |

基地剖面

我们假设，用一个切面在物体的某一部位切开，露出物体内部结构，移去被切部分，将剩下的部分向投影面投影，这种方法就是剖视，所得到的投影称为剖面图。为了便于制图与识图，并且真实的反映出物体本身，剖面图通常是在正投影图中选与投影面平行的剖切平面进行剖切。根据不同需要，剖面图的剖切位置通常有如下处理方法：

1. 全剖图

这种处理手法是用剖切面将整个物体切开，较适用于园林景观设计中整体景观带、不对称的园林建筑或景观小品、建筑内部构造以及较简单的对称物体的表现。

2. 半剖面

这种处理手法是将物体从中心线或者轴线的位置剖切开，投影图由半面投影视图和半面剖面图组成，以便使物体的外部轮廓和内部结构同时展现在同一图纸中。这种方法较适用于外部轮廓复杂但呈现对称结构的物体。

在绘制半剖面的时候应注意，剖面图和投影图之间，规定用物体的对称中心线为界线。当对称中心线是铅垂线时，半剖面画在投影图的右边；当对称中心线是水平线时，半剖面可以画在投影图的下面。

3. 局部剖面图

这种处理方法是将物体投影图的绝大部分保留，在局部位置绘制剖面图。目的是为了更好地兼顾展示物体的内部结构和外部轮廓。这种方法较适用于外部形态略为复杂的物体。在绘制局部剖面图时应注意，剖面图和投影图之间，规定用徒手画的波浪线为界线。

园林制图中，常常采用分层剖面图表示地面的做法。

4.1.4 透视图

透视图是画好景观设计效果图的基础（只有少量的景观设计效果图采用平面和立面或轴测图的方式）。而就其概念而言，透视图是以作画者的眼睛为中心作出的空间物体在画面上的中心投影（而非平行投影）。它是将三维的空间景物转换成二维图像，逼真地展现了设计者的预想构想。常见的透视图主要有一点透视、两点透视和鸟瞰图等三种。

4.1.4.1 一点透视

也称为平行透视。其画法简单，表现范围较广，纵深感强，适合于表现严肃、庄重或轴线感强以及较为开阔的户外空间，也适合于小范围户外空间的景观设计的分析表现。缺点是画面场景稍显呆板，正常视点高度范围内，无法表现景观空间的相互关系和景观设计的总体效果。

4.1.4.2 两点透视

也称为成角透视。其表现范围更广，适合于表现比较活泼自由的户外空间的景观设计，同样适合于小范围景观节点的分析表现。缺点是画法比一点透视复杂，若角度选不好，易产生局部变形。同样，在正常视点高度范围内，它也无法表现景观空间的相互关系和景观设计的总体效果。

4.1.4.3 鸟瞰图

也称为俯视图。它既可以是一点透视，也可以是两点透视。它的观看角度是自上往下看。它的特点是便于表现景观空间形体的相互关系和景观设计的总体效果，尤其当景观设计总平面具有良好的图底关系时，效果最佳。缺点是当景观空间缺少节奏变化时，效果会显得较为单调。

4.1.5 轴测图

并非透视图，它是由非正视的平行投影根据空间坐标 X 轴、Y 轴、Z 轴产生出来的立体图，是景观设计的一种立体表现方式，它的三个方向的尺寸均可以按比例量出。在综合性的大型公共空间的景观设计中，所有的透视图都只能表达出该空间的一个局部，如运用轴测图，则能反映出户外空间形体的整体关系和景观设计的总体效果。作图较为简单，它的缺点是不真实和不符合人眼的近大远小的原则，画面不够生动。轴测图包括正轴测图和斜轴测图两种。

某景观方案设计轴测图

某景观方案设计俯视轴测图

4.2 地形表达法

4.2.1 地形的平面表达

地形的平面表示主要采用图示和标注的方法。等高线法是地形最基本的图示表示方法，在此基础上可获得地形的其他直观表示法。标注法则主要用来标注地形上某些特殊点的高程。

4.2.1.1 等高线法

等高线法是以某个参照水平面为依据，用一系列等距离假想的水平面切割地形后所获得的交线的水平正投影（标高投影）图表示地形的方法（源自《风景园林设计》74页）。两相邻等高线切面（L）之间的垂直距离（h）称为等高距，水平投影图中两相邻等高线之间的垂直距离称为等高线平距，平距与所选位置有关，是个变值。地形等高线图上只有标注比例尺和等高距后才能解释地形。一般的地形图中只用两种等高线：一种是基本等高线，称为首曲线，常用细实线表示；另一种是每隔4根首曲线加粗一根并注上高程的等高线，称为计曲线。有时为了避免混淆，原地形等高线用虚线，设计等高线用实线。

4.2.1.2 坡级法

在地形图上，用坡度等级表示地形的陡缓和分布的方法称作坡级法。这种图式方法较直观，便于了解和分析地形，常用于基地现状和坡度分析图中。坡度等级根据等高距的大小、地形的复杂程度以及各种活动内容对坡度的要求进行划分。地形坡级图的作法可参考下面的步骤。

首先定出坡度等级。即根据拟定的坡度值范围，用坡度公式 $\alpha = (h/L) \times 100\%$，算出临界平距 $L5\%$、$L10\%$ 和 $L20\%$，划分出等高线平距范围。然后，用硬纸片做的标有临界平距的坡度尺或者用直尺去量找相邻等高线间的所有临界平距位置，量找时，应尽量保证坡度尺或直尺与两根相邻等高线相垂直，当遇到间曲线用虚线

某城市景观规划设计图

衡阳市"南岳第一峰"公园规划设计

MASTER PLAN FOR THE FIRST MOUNTION OF HENGYANG CITY

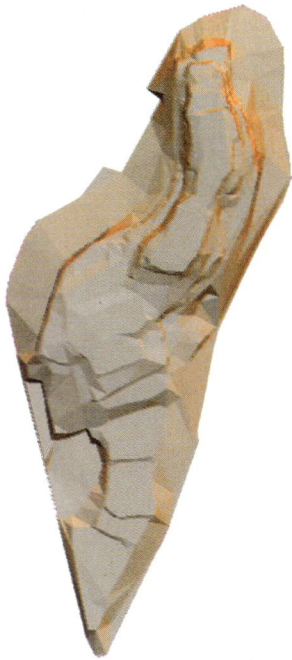

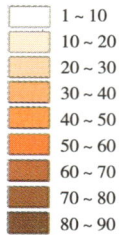

	1 ~ 10
	10 ~ 20
	20 ~ 30
	30 ~ 40
	40 ~ 50
	50 ~ 60
	60 ~ 70
	70 ~ 80
	80 ~ 90

坡度分析

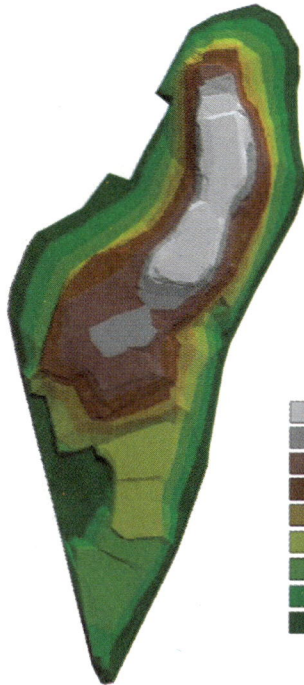

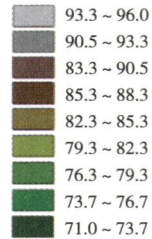

	93.3 ~ 96.0
	90.5 ~ 93.3
	83.3 ~ 90.5
	85.3 ~ 88.3
	82.3 ~ 85.3
	79.3 ~ 82.3
	76.3 ~ 79.3
	73.7 ~ 76.7
	71.0 ~ 73.7

地势分析

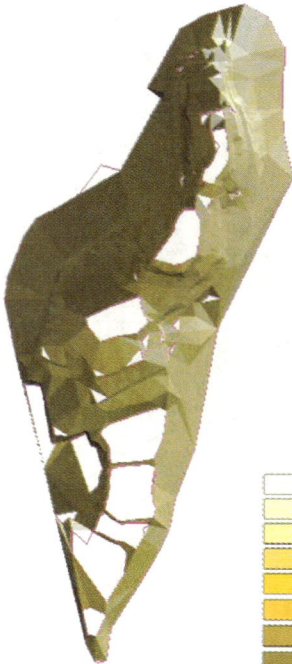

坡向分析

坡度分析：

回雁峰山体地势为偏北部的回雁亭处为最高，海拔96m，由此山体向四周逐渐降低，向北、向西北角都形成超过10m的高差，形成坎或护坡。向西南地势平缓过渡，最后保持在75m左右。

现状雁峰公园坡度分布为西北陡而东南缓，山峰中部坡度平缓。中间平缓的山地现状建筑分布较多。规划用地地形复杂，坡度大的地方施工难度较大，若进行大规模的削高补低，则需要大面积的护坡，工程对地形影响大，地下水的自然渗透被截断，对破地的延续性影响很大。

整体山体由于最高处偏北，从而破向大体向南，在南面山坡上适宜于喜阳植物的生长。而西北面山坡处宜种植喜阴植物。

表示的等高距减半的等高线）时，临界平距要相应地减半。最后，根据平距范围确定出不同坡度范围（坡级）内的坡面，并用线条或色彩加以区别，常用的区别方法有影线法和单色或复色渲染法。

4.2.1.3 分布法

分布法是地形的另一种直观表示法，将整个地形高程划分成间距相等的几个等级，并用单色加以渲染，各高度等级的色度随着高程从低到高的变化也逐渐由浅变深。地形分布图主要用于表示基地范围内地形变化的程度、地形的分布和走向。

4.2.1.4 高程标注法

当需表示地形图中某些特殊的地形点时，可用十字或圆点标记这些点，并在标记旁注上该点到参照面的高程，高程常注写到小数点后第二位，这些点常处于等高线之间，这种地形表示法被称为高程标注法。高程标注法适用于标注建筑物的转角、墙体和坡面等顶面和底面的高程，以及地形图中最高和最低等特殊点的高程。因此，场地平整、场地规划等施工图中常用高程标注法。

4.2.2 地形剖面的作法

作地形剖面图先根据选定的比例结合地形平面作出地形剖断线，然后绘出地形轮廓线，并加以表现，便可得到较完整的地形剖面图。下面着重介绍一下地形剖断线和轮廓线的作法。

4.2.2.1 地形剖断线的作法

求作地形剖断线的方法较多，此处只介绍一种简便的作法。首先在描图纸上按比例画出间距等于地形等高距的平行线组，并将其覆盖到地形平面图上，使平行线组与剖切位置线相吻合，然后，借助丁字尺和三角板作出等高线与剖切位置线的交点，再用光滑的曲线将这些点连接起来并加粗加深即得地形剖断线。

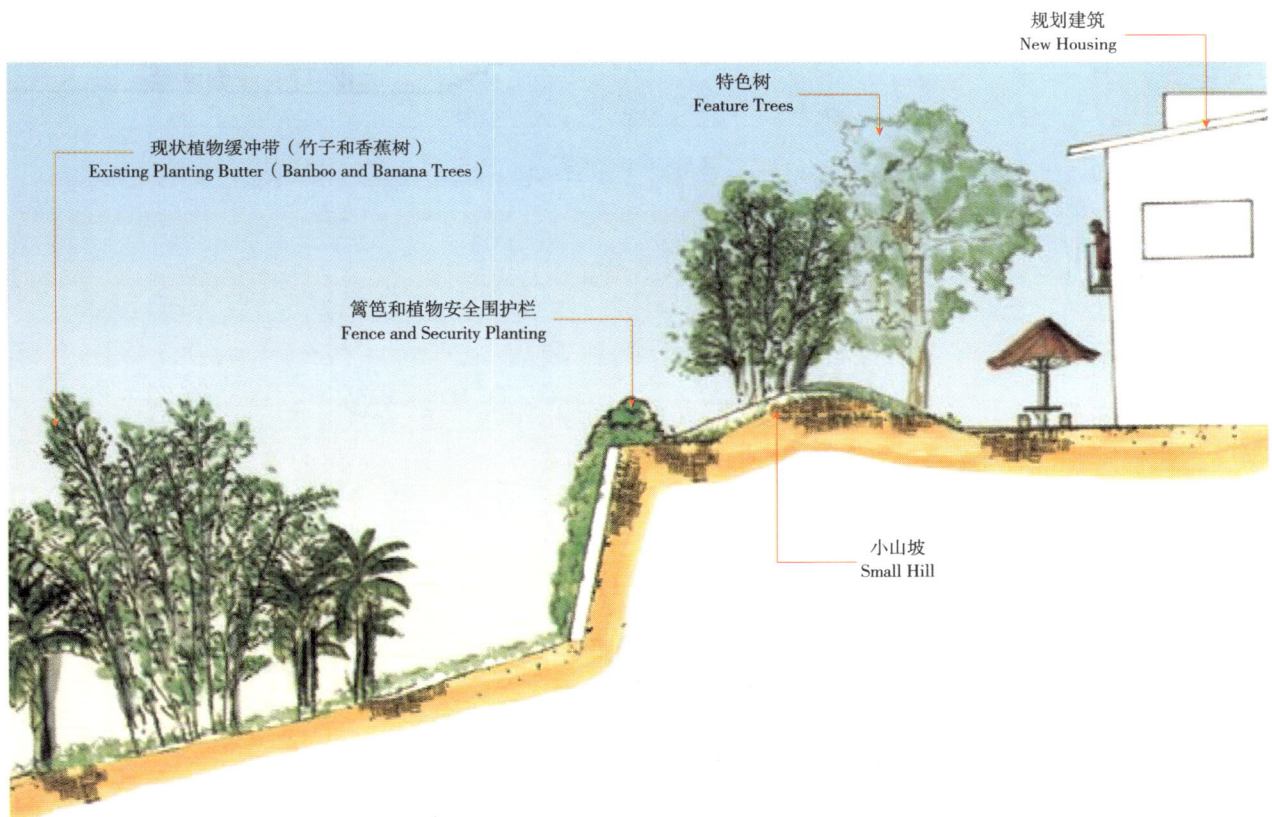

现状植物缓冲带（竹子和香蕉树）
Existing Planting Butter（Banboo and Banana Trees）

篱笆和植物安全围护栏
Fence and Security Planting

特色树
Feature Trees

规划建筑
New Housing

小山坡
Small Hill

某景观设计剖面图

4.2.2.2　垂直比例

　　地形剖面图的水平比例应与原地形平面图的比例一致，垂直比例可根据地形情况适当调整。当原地形平面图的比例过小、地形起伏不明显时，可将垂直比例扩大 5 ~ 20 倍。采用不同的垂直比例所作的地形剖面图的起伏不同，且水平比例与垂直比例不一致时，应在地形剖面图上同时标出这两种比例。当地形剖面图需要缩放时，最好还要分别加上图示比例尺。

4.2.2.3　地形轮廓线

　　在地形剖面图中除需表示地形剖断线外，有时还需表示地形剖断面后没有剖切到但又可见的内容。可见地形用地形轮廓线表示。

　　求作地形轮廓线实际上就是求作该地形的地形线和外轮廓线的正投影。虚线表示垂直于剖切位置线的地形等高线的切线，将其向下延长与等距平行线组中相应的平行线相交，所得交点的连线即为地形轮廓线。树木投影的作法为：将所有树木按其所在的平面位置和所处的高度（高程）定到地面上，然后作出这些树木的立面，并根据前挡后的原则擦除被遮挡住的图线，描绘出留下的图线即得树木投影。有地形轮廓线的剖面图的作法较复杂，若不考虑地形轮廓线，则作法要相对容易些。因此，在平地或地形较平缓的情况下可不作地形轮廓线，当地形较复杂时应作地形轮廓线。

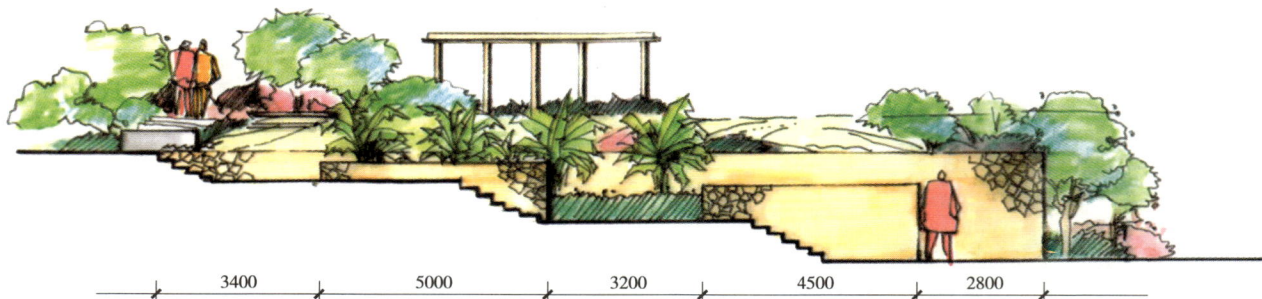

某景观设计立面图

某方案设计规划图

4.3 植物、水体及石块表达方法

4.3.1 树木的表达方法

4.3.1.1 树木的平面表达方法

　　树木的平面表达可先以树干位置为圆心、树冠平均半径为半径作出圆，再加以表现，其表现手法非常多，表现风格变化很大。根据不同的表现手法可将树木的平面表示划分为下列四种类型。

　　1. 轮廓型

　　树木平面只用线条勾勒出轮廓，线条可粗可细，轮廓可光滑，也可带有缺口或尖突。

　　2. 分枝型

　　在树木平面中只用线条的组合表示树枝或枝干的分叉。

　　3. 枝叶型

　　在树木平面中既表示分枝、又表示冠叶，树冠可用轮廓表示，也可用质感表示。这种类型可以看作是其他几种类型的组合。

　　4. 质感型

　　在树木平面中只用线条的组合或排列表示树冠的质感。

　　现以落叶树为例来说明四种表示类型的应用。冬态树木的顶视平面可用分枝型表示。叶繁茂后树冠的地面正午投影可用轮廓型表示，顶视平面可用质感型表示。水平面剖切树冠后所得到的树冠剖面可用枝叶型表示。

　　尽管树木的种类可用名录详细说明，但常常仍用不同的表现形式表示不同类别的树木。例如，用分枝型表示落叶阔叶树，用加上斜线的轮廓型表示常绿树等。各种表现形式当着上不同的色彩时，就会具有更强的表现

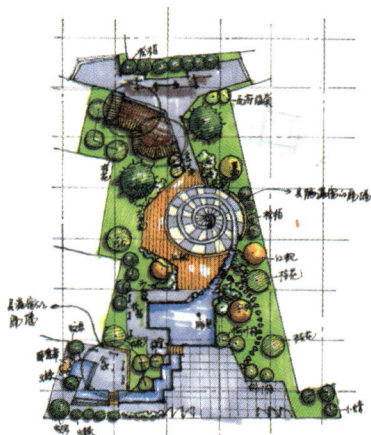

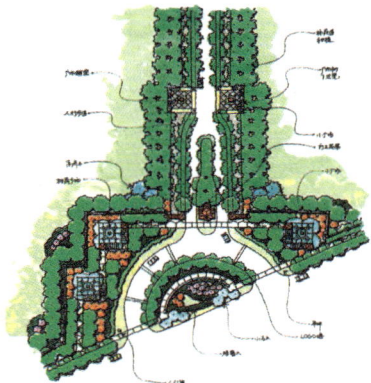

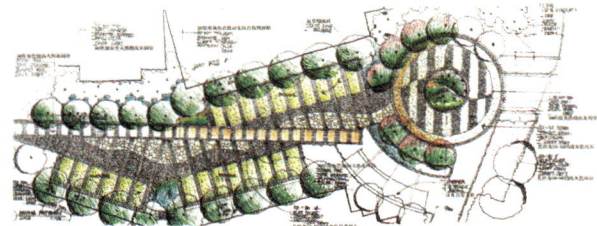

力。不同类型的树木平面图，有些树木平面具有装饰图案的特点，作图时可参考。当表示几株相连的相同树木平面时，应互相避让，使图面形成整体。当表示成群树木的平面时可连成一片。当表示成林树木的平面时可只勾勒林缘线。

4.3.1.2 树冠的避让

为了使图面简洁清楚、避免遮挡，基地现状资料图、详图或施工图中的树木平面可用简单的轮廓线表示，有时甚至只用小圆圈标出树木的位置。在设计图中，当树冠下有花台、花坛、花镜或水面、石块和竹丛等较低矮的设计内容时，树木平面也不应过于复杂，要注意避让，不要挡住下面的内容。但是，若只是为了表示整个树木群体的平面布置，则可以不考虑树冠的避让，应以强调树冠平面为主。

4.3.1.3 树木的平面落影

树木的落影是平面树木重要的表现方法，它可以增加面的对比效果，使图面明快，有生气。树木的地面落影与树冠的形状、光线的角度和地面条件有关，在园林图中常用落影圆表示，有时也可根据树形稍稍作些变化。

作树木落影的具体方法：先选定平面光线的方向，定出落影量，以等圆作树冠圆和落影圆，然后擦去树冠下的落影，将其余的落影涂黑，并加以表现。对不同质感的地面可采用不同的树冠落影表现方法。

4.3.1.4 树木的立面表示方法

树木的立面表示方法也可分成轮廓、分枝和质感等几大类型，但有时并不十分严格。树木的立面表现形式有写实的，也有图案化的或稍加变形的，其风格应与树木平面和整个图面相一致。

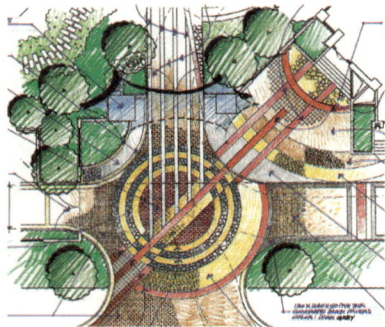

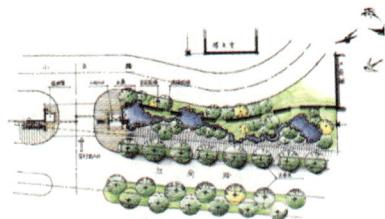

A—A 剖面图

4.3.1.5 树木平、立面的统一

树木在平面、立（剖）面图中的表示方法应相同，表现手法和风格应一致，并保证树木的平面冠径与立面冠幅相等、平面与立面对应、树干的位置处于树冠圆的圆心。这样作出的平面、立（剖）面图才和谐。

4.3.2 灌木和地被物的表达方法

灌木没有明显的主干，平面形状有曲有直。自然式栽植灌木丛的平面形状多不规则，修剪的灌木和绿篱的平面形状多为规则的或不规则但平滑的。灌木的平面表示方法与树木类似，通常修剪的规整灌木可用轮廓、分枝或枝叶型表示，不规则形状的灌木平面宜用轮廓型和质感型表达，表达时以栽植范围为准。由于灌木通常丛生、没有明显的主干，因此灌木平面很少会与树木平面相混淆。

地被物宜采用轮廓勾勒和质感表现的形式。作图时应以地被栽植的范围线为依据，用不规则的细线勾勒出地被的范围轮廓。

4.3.3 草坪和草地的表达方法

草坪和草地的表达方法很多，下面介绍一些主要的表达方法。

4.3.3.1 打点法

打点法是较简单的一种表达方法。用打点法画草坪时所打的点的大小应基本一致，无论疏密，点都要打得相对均匀。

4.3.3.2 小短线法

将小短线排列成行，每行之间的间距相近排列整齐的可用来表示草坪，排列不规整的可用来表示草地或管理粗放的草坪。

4.3.3.3 线段排列法

线段排列法是最常用的方法，要求线段排列整齐，行间有断断续续的重叠，也可稍许留些空白或行间留白。另外，也可用斜线排列表示草坪，排列方式可规则，也可随意。

草坪和草地的表达方法除上述外，还可采用乱线法或 M 型线条排列法。

用小短线或线段排列法等表达草坪时，应先用淡铅在图上作平行稿线，根据草坪的范围可选用 2 ~ 6mm 间距的平行线组。若有地形等高线时，也可按上述的间距标准，依地形的曲折方向勾绘稿线，并使得相邻等高线间的稿线分布均匀。最后，用小短线或线段排列起来即可。

4.3.4 水面的表达方法

水面表达可采用线条法、等深线法、平涂法和添景物法，前三种为直接的水面表达方法，最后一种为间接表达法。

4.3.4.1 线条法

用工具或徒手排列的平行线条表示水面的方法称线条法。作图时，既可以将整个水面全部用线条均匀地布满，也可以局部留有空白，或者只局部画些线条。线条可采用波纹线、水纹线、直线或曲线。组织良好的曲线还能表现出水面的波动感。

4.3.4.2 等深线法

在靠近岸线的水面中，依岸线的曲折作二三根曲线，这种类似等高线的闭合曲线称为等深线。通常形状不规则的水面用等深线表达。

4.3.4.3 平涂法

用水彩或墨水平涂表示水面的方法称平涂法。用水彩平涂时，可将水面渲染成类似等深线的效果。先用淡铅作等深线稿线，等深线之间的间距应比等深线法大些，然后再一层层地渲染，使离岸较远的水面颜色较深。

4.3.4.4 添景物法

添景物法是利用与水面有关的一些内容表达水面的一种方法。与水面有关的内容包括一些水生植物（如荷花、睡莲）、水上活动工具（湖中的船只、游艇）、码头和驳岸、露出水面的石块及其周围的水纹线、石块落入湖中产生的水圈等。

4.3.5 石块的表达方法

平、立面图中的石块通常只用线条勾勒轮廓，很少采用光线、质感的表达方法，以免使之零乱。用线条勾勒时，轮廓线要粗些，石块面、纹理可用较细较浅的线条稍加勾绘，以体现石块的体积感。不同的石块，其纹理不同，有的圆浑、有的棱角分明，在表现时应采用不同的笔触和线条。剖面上的石块，轮廓线应用剖断线，石块剖面上还可加上斜纹线。

4.4 光影表达方法

    光影表现主要通过对各设计元素添加阴影的表达方法，利用视错觉的原理，增加画面元素的立体效果，丰富景观设计方案的表现。添加阴影时，需要注意的是，在同一个图中，相同高度的设计元素其阴影的长度应相同，所有设计原色的阴影方向应保持一致。

    光影要素包含了利用自然光及人工照明及其所产生的阴影所参与的景观构成活动。

某户外空间长廊

4.4.1　自然光影与景观艺术

在景观艺术中，自然光与影的运用对于景观意境的创造有着重要的作用，它是反映景观空间深度和层次极为重要的因素。人们经历由暗到明或由明到暗以及半明半暗的变化可以使感觉中空间放大或缩小，从而营造特殊的空间气氛，因此，同一空间由于光线的变化，会给人不同的感觉。

景观艺术中常用光的明暗和光影的对比变化，配合空间的收放处理，来渲染空间氛围。而粉墙上的竹影、月下树木的碎影、栏杆上的花影等，可算是在景观艺术中最富浪漫情趣的空灵妙笔。实墙、栏杆、地坪本身无景可言，但在自然光的照射下，成为竹石花木的背景、无景的墙、地面上落影斑驳、摇曳多姿，恍然一幅绝妙的画卷，且随着日、月的转移，该阴影还会出现长短、正斜、疏密的不同形态的变化，传递出比实景更美妙的意境。

4.4.2　灯光对于景观空间的表达

光环境设计，既是景观环境设计的一个重要组成部分又具有相对的独立性。一方面人工光照环境服务于空间性质的揭示，另一方面又为环境注入新的秩序，提高环境的空间品质。灯光环境对于空间的积极作用主要表现为：

4.4.2.1　灯光环境对空间界面的调节

灯光环境除了其基本的使用功能外，对空间环境的界面的比例、形状、色彩等形态特征还起到视觉上的调节以及揭示作用。

某广场不锈钢雕塑

1. 一般性揭示

景观环境空间的形态构成要靠灯光环境来呈现。空间的尺度、规模、形状及局部与整体、局部与局部中的构成关系等都要借助灯光环境，特别是具有一定照度、色彩特性的灯光环境得以显现。另外不同的功能、艺术要求的环境空间需要有与之相适应的光照环境，因此通过灯光的揭示，可以显现特定环境空间的功能关系和艺术氛围。

2. 方向性揭示

通过光照能在环境中造成一定秩序和视觉心理联系，使人们把注意力集中于环境视野中那些感兴趣的视觉信息。最典型的做法就是利用人的向光性将环境空间中的行为目的场所处理成视觉明亮的中心，使人产生方向的认识对行为产生诱导。

3. 遮隐

"遮"的目的是对空间形态中不理想的部位，可以用光照加以遮挡，以形成某一角度的视觉屏障；"隐"是利用加强局部的"视亮度"使之与周围的环境产生很大的反差，从而"隐"去某些景物。

4. 质感、肌理的表现

灯光的照射直接或间接地影响材料表面的反射特征。如粗糙的质感在弱光下效果得以夸张，而在强光的直射下则受到削弱。另外，对于形体上不同的部分的同一质地，由于灯光的特征、作用部位等方面的不同，就会产生明暗变化和阴影，那么材料的表面就会产生形态的变化，在一定程度上改变了材料的视觉感受。

某活动广场音乐喷泉

某商业广场前小品雕塑

4.4.2.2 灯光对空间环境的再创造

灯光环境对景物层次的再创造，是通过灯光直接或间接作用于环境空间，以形成空间层次感来实现的。

1. 围合和分隔

灯光对环境空间通过围合与分割可以产生限定作用，这是在空间实质性

沈阳世博园东门雕塑

某商业广场前音乐喷泉

某城市活动广场水景观墙

某私人会所花园景观水池

界面对环境空间的限定基础上的再次限定过程。

围合是指灯光在母体空间形态中，能够限定出相对独立的次生空间。这是一种基本的限定方法，灯光要素能够形成两个以上的界面，是一种向心性的限定。分割是灯光的要素将母体空间划分成两个或两个以上的部分，形成次生空间，灯光元素充当那些部分的界面构成。

2. 视觉中心

利用灯光的光色特征，使之相对独立于环境空间形态中，并成为视觉中心。其作用是在周围形成向心性，使之成为一定强度的"场"。如在环境中

某住宅小区入口喷泉景观

设置突出的灯具，使之成为空间的中心，对其周围的空间产生一定的向心力，次生空间感也随之产生，增加了空间的层次感。

另外，灯光的强弱变化、冷暖差异也能够创造环境的空间层次感，这是由于强光的部分视觉清晰，而弱光的部分视感很模糊，这与距离远近变化的视感特征相似，因此利用灯光的强弱、冷暖的有目的控制与变化，可以产生深度和层次感。

第 5 章　种植设计

5.1　植物的作用与种类

在景观设计中有四要素，土地、植物、水体与上层建筑。植物是环境构成的重要因素，又是主题的点缀者甚至是整个环境的表现者，所以植物在景观设计中起到至关重要的作用。植物能覆盖地表的低矮植物，不仅包括草本植物，而且还包括一些适应性较强的苔藓、蕨类、常绿和落叶木本地被、攀援藤本植物以及宿根花卉等。地被植物能有效防止水土流失、吸附尘土、净化空气、减弱噪音、消除污染，并且能与建筑、山石、树木、水体和道路等景观要素很好地结合在一起，形成层次丰富、生机盎然的园林景观。

5.1.1　植物的作用

景观艺术设计中由植物构成的空间，无论是色彩、空间还是时间方面的景观变化，其丰富程度都是无与伦比的，在园林景观中植物发挥着极为重要的作用，肩负着组景、分隔空间、装饰、防护、庇荫、覆盖和保持土壤等诸多用途，种植设计的作用具体可归纳如下几个方面。

5.1.1.1　主景作用

植物材料可作主景，并可利用植物本身的色、香、形及季相变化创造出各种主题的园林景观，利用不同植物的色相配合可组成瑰丽壮观的景象。作为主景的植物应具有一定的视觉稳定性。

5.1.1.2　背景作用

在园林景观中植物材料是最常见的背景材料，但通常应依据所要衬托的主景（或前景）的形式、尺度、色彩及质感等确定背景植物的体量、种类、色彩和种植密度，以确保背景及所要衬托的主景既具整体感又有反差和

某园林植物景观

对比。作为背景的植物应选用景象相对稳定、色彩较为单一、枝叶茂密的品种，以常绿树种为主，极少用花木。

5.1.1.3 衬景作用

景观设计中，常用植物陪衬其他景观题材，如建筑、山石、水系、地形和构筑物等，使原本没有生命的主景显得更为生动，进而产生生机盎然的景象；同时，植物还能丰富建筑立面，软化过于生硬的建筑轮廓线，增加尺度感、同化杂乱景色。

5.1.1.4 引导、遮挡视线

通过精心的组织和安排有意识的引导和遮挡，植物材料还可用来增强景观空间感，并提高景物的视觉美感和空间序列的质量。为了加强主景物的焦点效果，可利用植物形成夹景，制造透景线；而依据植物遮挡程度的强弱，可形成完全遮挡、漏景、部分遮挡、框景等，起到屏俗收佳的艺术效果。

5.1.1.5 组织、分隔、联系空间

植物具有最为灵活组织空间的作用。在许多不适合采用建筑材料划分空间的场合，以一种或多种植物材料的配合可以达到完全遮挡视线或似隔非隔等多重效果，以达到自然柔性地分隔成若干独立的建筑、山水景观空间时，又可以利用大量同类或相似的植物配置加强彼此的联系，使人工与自然要素融合于统一的绿色氛围中去。

将植物材料加以组织可形成不同的空间，其高矮、冠的形状、分枝点高低、疏密和种植方式决定了空间围合的强弱和性质。如乔灌木结合分层围合的空间较为封闭而内向，分枝点高于视高的乔木围合的空间形成只有顶界面和底界面的较为通透的空间，分枝点较低、冠较密且交错密植的植物围合的空间也较封闭等。

5.1.1.6 创造意境

利用植物配置的各种手法，兼顾各类植物的自然特性和人文气质，可创造虚实、开合、动静、藏漏、幽朗等对比效果，由此产生符合设计主题的不同的意境。

5.1.1.7 保持水土、调节小气候

种植植物是景观空间中创造舒适小气候最经济、最有效的手段。落叶乔木夏季的浓荫能为游人遮挡烈日骄阳，而在冬天落尽枯叶的丫让阳光的温暖

某私人公寓花园景观

某公共中心园林景观

尽情撒向人间；常绿植物经过细心地安排，可以抵挡冬季的寒风，引导夏季的主导风向；植物根部吸收地下水，又通过蒸腾作用将水分蒸发到空气中，可增加景观环境的湿度；植物发达的根系，还有助于防风固沙、保持水土；另外植物对于环境中的隔声降噪、吸收大气中的有毒气体、降低城市中的光污染等也是十分有效的。

5.1.2 植物的分类

园林植物是对园林树木及花草的总称，其分类方式多种多样，最常规的分类方法是从方便种植设计角度出发、依据植物的外部形态进行分类，通常园林植物被分为乔木、灌木、藤本植物、草本花卉、草坪和地被植物六类。

5.1.2.1 乔木

乔木一般都具有较大的体量，有明显的主干，分枝点较高，依据其高度的差异又被分为小乔木（高 5 ~ 10m）、中乔木（高 10 ~ 20m）、大乔木（高度大于 20m）；依据乔木叶片形状特征及其四季叶片脱落的情况，乔木又可分为常绿阔叶植物、常绿针叶植物、落叶阔叶植物和落叶针叶植物四类。

乔木是园林植物中的骨干植物，无论在分隔空间、提供绿荫、调节气候、治理污染等功能方面，还是在结合丰富的季相变化达到景观的艺术化处理方面，都起到主导作用。

5.1.2.2 灌木

灌木没有明显的主干，多呈丛生状或分枝点低自基部。灌木又可分为大灌木（高度大于 1.5m）和小灌木（高度小于 1.5m）。

灌木生长于提供尺度亲切的空间，利于屏蔽不良景物，大灌木因高于人的视高，常和乔木配合分隔限定较为私密的空间，而小灌木具有亲切的空间尺度，由于视线低于视高，给人以矮墙、篱笆等感觉，易形成半开半合的空间感。由于接近人的视线，灌木的花色、果实、枝条、质地、形态等对于景观的构成都很重要，而其中尤其以开花类和观叶类灌木观赏价值突出。灌木对于减轻辐射热、防止光污染、降低噪声和风速、保持水土等起到很大的作用。

5.1.2.3 藤本植物

藤本植物是指本身无法直立生长，需要借助细长的茎蔓、缠绕茎、卷须、吸盘或吸附根等器官，依附其他物体或匍匐地面生长的木本或草本植物。某种意义上说，藤本植物是一类最经济的既具功能性又具观赏价值的植物。藤本植物仅需最有限的土壤空间，便可产生最大化的绿化美化效果，它可以作为垂直绿化手段美化和软化城市的立交桥、陡峭裸露的挡土墙、生硬的建筑外立面；它可以形成绿屏来划分空间，还可以形成绿廊、花架廊为人们提供良好的视景和片片荫凉；此外，藤本植物还具备其他植物所具备的生态防护功能，尤其在城市建、构筑物结构体系的防护及针对陡坡、裸露岩石土壤的绿化、调节小气候方面更是表现突出。

5.1.2.4 草本花卉

草本花卉是指具有观赏价值的色彩鲜艳、姿态优美、香味馥郁的草本植

某园林植物树景小品

某公园藤本植物连廊

某度假村前庭广场景观

物。根据其生长特性可分成一二年生花卉、多年生花卉和水生花卉。

草本花卉的观赏和应用价值最主要体现在花色种类的多样性，通常与地被植物相结合，组成特色鲜明的平面构图，还可布置成花坛、花池、花境、花台、花丛等景观形式。草本花卉还具有保持水土、防尘固沙、吸收雨水等生态功能。

5.1.2.5　草坪和地被植物

草坪是指多年生矮小草本植物经人工密植、修剪后，叶色或叶质统一，

花车景观小品

某城市公共公园园路

具有装饰和观赏效果、或能供人休闲、运动的坪状草地。草坪是地被植物的一种，但因在现代景观中大量使用和显著的地位而被单列一类。草坪是园林植物中养护费用最大的一类植物。地被植物是指植株紧密、低矮、用于装饰林下或林缘或覆盖地面防止杂草滋生的灌木及草本植物。地被植物种类繁多，色彩斑斓，繁殖力强，覆盖迅速，维护简单，且是构成自然野趣景色的有效手段。

草坪和地被植物均有助于减少地表径流、防止尘土飞扬、改善空气湿度、降低眩光和辐射热。

5.1.3 种植设计的基本原则

5.1.3.1 符合用地性质和功能要求

在进行植物配置时，首先应立足于园林绿地的性质和主要功能。园林绿地的功能是多种多样的，功能的确定取决于其具体的绿地性质，而通常某一性质的绿地又包含了几种不同功能，但其中总有一种主要功能。例如城市风景区的休闲绿地，应有供集体活动的大草坪或广场，同时还应有供遮阴的乔木和成片的层次丰富的灌木和花草；街道行道树，首先应考虑遮阴效果，同时还应满足交通视线的通畅；公墓绿化，首先应注重纪念性意境的营造，大量配置常绿乔木。

5.1.3.2 适地适树

适地适树是种植设计的重要原则。任何植物都有着自身的生态习性和与之对应的正常生长的外部环境，因此，因地制宜，选择以乡土树种为主，引进树种为辅，既有利于植被的生长繁茂，又是以最经济的代价获得地域特色浓郁效果的明智之举。

5.1.3.3 配置风格与景观总体规划相一致

正如前文所述，景观总体规划依据不同用地性质和立意有规则和自然、混合之分，而植物的配置风格也有与之相对应的划分，在种植设计中应把握其配置风格与景观总体规划风格的一致性，以保证设计立意实施的完整性和

居所野外田园景观

某建筑外藤本植物景观墙

彻底性。

5.1.3.4 符合构景要求

植物在景观艺术设计中扮演着多种角色，种植设计应结合其"角色"要求——构景要求展开设计，如：做主景、背景、夹景、框景、漏景、前景等，如前文所述，不同的构景角色对植物的选择和配置的要求也是各不相同的。

5.1.3.5 合理的搭配和密度

由于植物的生长具有时空性，一棵幼苗经历几年、几十年可以长成阴翳蔽日的参天大树，因此种植设计应充分考虑远期与近期效果相结合，选择合理的搭配和种植密度，以确保绿化效果。比如：从长远来看，应根据成年树冠的直径来确定种植间距，但短期成荫效果不好，可以先加大种植密度，若干年后再间去一部分树木；此外还可利用长寿树与速生树结合，做到远近期结合。

植物世界种类繁多，要取得赏心悦目的景观艺术效果，要善于利用各种物种的生态特性，进行合理的搭配。如利用乔木、灌木与地被植物的搭配，落叶植物与常绿植物的搭配，观花植物与观叶植物的搭配等等。当然，这些搭配并非越丰富越好，而应视具体的景区总体规划基调而定。此外，合理的搭配不仅指植物组景自身的关系，还包含了景与景、景区间的自然过渡和相互渗透关系。

5.1.3.6 全面、动态考虑季相变化和观形、赏色、闻味、听声上的对比与和谐

植物造景其最大的魅力在于其盎然的生命力。随着季节的转换、时间的推移，景物悄然地变化着：萌芽、展叶、开花、红叶、落叶、结果，不起眼的树苗长成参天浓荫……此消彼长，传达出强烈的时空感；植物优美的姿态、绚丽斑斓的色彩、叶片伴着风声雨声的和鸣、或馥郁或幽然的芳香以及引来的阵阵蜂蝶调动着游人几乎所有的感知系统，带给视觉、嗅觉、触觉、听觉等全方位美的享受。因此，不同于其他景观要素相对单一和静态的设计，种植设计要在全面、动态地把握其季相变化和时空变化过程中考虑植物观形、赏色、闻味、听声的对比与和谐，应保证一季突出，季季有景可赏。

公园自然水景

私人小花园景观花族

5.2　植物改善环境氛围的方式（植物的观赏特性）

　　园林植物色、香、味、形的千姿百态和丰富变幻为大自然增添了神秘莫测的色彩和无穷魅力。从事植物景观艺术设计，首先应从把握植物的观赏特性入手，了解植物不同生长时期的观赏特性及其变化规律，充分利用植物花（叶）的色彩和芳香，叶的形状和质地，根、干、枝的姿态等创造出特定环境的艺术氛围。

5.2.1　园林植物的色彩

　　色彩是景观世界在人眼中最直接和最敏感的反映，园林植物色彩的丰富程度是任何其他景观材料所无法企及的。不同的色彩在不同国家和民族有着不同的象征意义，不同的人对色彩也有不同的喜好。在人们的眼中植物的色彩是有感情的，不同的色彩有着不同的动静、冷暖、喜怒哀乐的指向，植物色彩在园林意境的创造、景物的刻画、景观空间的构图以及空间感的表现等方面都起着重要的作用。

　　植物的色彩主要指植物具观赏性的花、叶、果、干的颜色，总结归纳起来主要可分为红、橙、黄、绿、蓝、紫、白七大色系。

5.2.2　园林植物的形态

　　除了色彩对视觉感观的强烈冲击外，植物根、干、枝、叶及其整体的形状与姿态也是景观世界营造意境、发人联想、动人心魄的重要元素，如同色

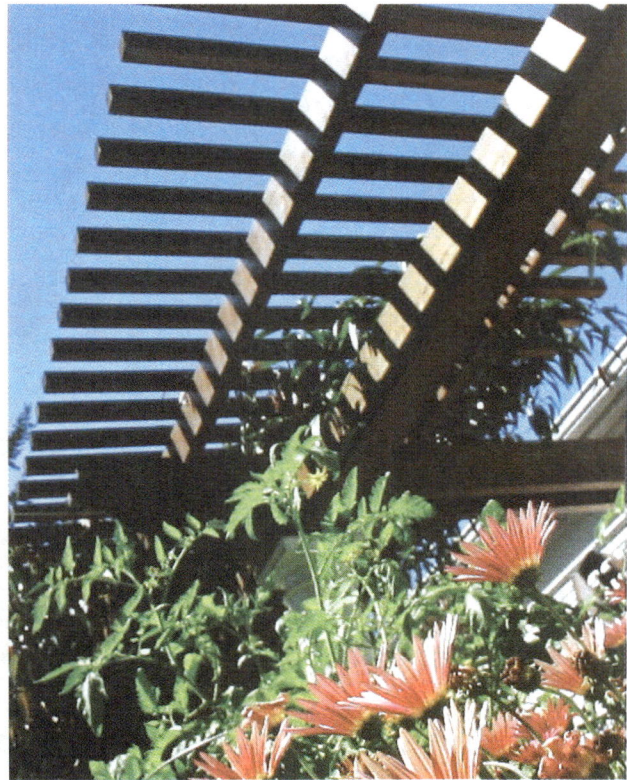

彩在人眼中具有"情感"一般，植物的形态也传递着各种信息，或欢快、或平静、或散漫、或向上、或振奋、或凄凉、或抒情、或崇高、或柔美、或颓废等等，某种意义上与其说是植物的形态不如说是植物的情态更能体现植物形态对于景观设计主题及意境表现的意义。

5.2.2.1 植物的姿态

植物的姿态是指某种植物单株的整体外部轮廓形状及其动态意象。植物的姿态是由其主干、主枝、侧枝和叶的形态及组合方式和组合密度共同构成的。园林植物物种千奇百怪，依据其动势总体概括起来可分为垂直向上型、水平伸展型和无方向型三类。

1. 垂直向上型

此类植物生长挺拔向上，气势轩昂，强调空间的垂直延伸感和高度感，将人的视线引向高空，适合营造崇高、庄严、静谧、沉思的空间氛围，或与圆形植物或强调水平空间感的景物组合成对比强烈的画面，成为形象生动的视觉中心。该类植物依据其具体轮廓形状又可细分为塔形（如雪松、南洋衫、龙柏、水杉、落羽杉等）、圆柱形（如钻天杨、塔柏、北美圆柏等）、圆锥形（如圆柏、毛白杨、桧柏等）、笔形（如铅笔柏、塔杨等）。

2. 水平伸展型

此类植物或匍匐（如葡萄、爬山虎、蟛蜞菊、地锦、野蔷薇、迎春等）或偃卧（如铺地柏、偃柏、偃松等）生长，沿水平方向展开，从而强调了水平方向的空间感，起到引导人流向前的作用，与其他景观要素配合，可营造宁静、舒展、平和或空旷、死亡等气氛，因对于平面的图案表现力较强，常作为地被植物使用，且当与垂直方向景观要素配合组景时更显生动。

3. 无方向型

此类植物无明确的动势方向，格调柔和平静，不易破坏构图的统一，在景观设计中，常被用于调和过渡对比过分激烈的景物。此类植物大多拥有曲线形轮廓，有圆形、卵圆形、广卵圆形、倒卵圆形、馒头形、伞形、半球形、丛生形、拱枝形等，还包括人工修剪的树形，如黄杨球等。

当然植物的姿态并非一成不变，随着季节和树龄的变化，有些树种的姿态会发生改变，这是设计中要注意和把握的。

5.2.2.2　根的形态

园林植物中大多数的根都生长在土壤中，只有一些根系特别发达的植物，它们的根暴露在地面之上高高隆起、盘根错节，具有非常高的观赏价值，它们常因奇特的形态而吸引人们的眼球，成为景观场所中引人注目的视觉焦点。自然暴露的树根都是植物适应当地气候条件的自然生理反应。如榕树的枝、干上布满气生根，倒挂下来犹如珠帘，一旦落地又变成树干，形成独木成林之象，十分神奇；又如池杉的根为了满足呼吸的需要露出水面，像人的膝盖一样；黄葛树的树根盘根错节，遒劲有力，很是壮观。

5.2.2.3　干的形态

植物具观赏性的干的形态或亭亭玉立、或雄壮伟岸或独特奇异，其观赏价值的体现主要依赖树干表皮的色彩、质感及树干高度、姿态综合体现的。如紫薇的干光滑细腻、白皮松平滑的白干带着斑驳的青斑、佛肚竹大腹便便、青桐皮青干直、龙鳞竹奇节连连、白色干皮的白桦亭亭玉立、紫藤的干蜿蜒扭曲等等。

5.2.2.4　枝的形态

植物枝的数量、长短、组合排列方式和生长方向直接决定了树冠的形态和美感。植物形态的千变万化关键在于树枝形态的多样化，树枝形态可大致分为五类：向上型（榉树、龙柏、新疆杨、槭树、白皮松、红枫、泡桐等）、水平型（雪松、冷杉、凤凰木、落羽杉等）、下垂型（龙爪槐、龙爪柳、垂柳、垂枝榕、垂枝榆、垂枝山毛榉等）、匍匐型（平枝栒子、偃柏、铺地柏、连翘等）、攀缘型（五叶地锦、紫藤、凌霄、金银花、牵牛等）。

5.2.2.5　叶的形态

园林植物的叶形也十分丰富，有单叶和复叶之分。单叶的形式也有近

111

20 种之多，其中观赏价值较高的主要是一些形状较为特殊或较为大型的叶片，如掌状的鸡爪槭、八角金盘、梧桐、八角枫，龙鳞形的侧柏，马褂形的鹅掌楸，披针形的夹竹桃、柳树、竹、落叶松，针形的松柏类、心脏形的泡桐、紫荆、绿萝等；复叶的形式可分为奇数羽状复叶（如国槐、紫薇）、偶数羽状复叶（如无患子、香椿）、多重羽状复叶（如合欢、栾树）和掌状复叶（如七叶树、木棉）四类。除特殊的叶形具有较高观赏价值外，叶片组合而成的群体美也是十分动人的，如棕榈、蒲葵、龟背竹等，一些大型的羽状叶也常带给游人以轻松、洒脱之美。

5.2.3　园林植物的纹理

植物的纹理是指叶和小枝的大小、形状、密度和排列方式、叶片的厚薄、粗糙程度、边缘形态等。植物的纹理通过视觉或触觉（主要是视觉）感知作用于人的心理，使人产生十分丰富而复杂的心理感受，对于景观设计的多样性、调和性、空间感、距离感，以及观赏氛围和意境的塑造有着重要的影响。纹理可分为以下几种。

5.2.3.1　细密型

此类植物叶小而浓密，枝条纤细不明显，树冠轮廓清晰。有扩大距离之感，宜用于局促狭窄的空间，因外观文雅而细腻的气质，适合作背景材料。如地肤、野牛草、文竹、苔藓、珍珠梅、馒头柳、北美乔松、榉树等。

5.2.3.2　中质型

此类植物是指具有中等大小叶片和枝干及适中的密度的植物，园林植物大多属于此类。

5.2.3.3　粗质型

此类植物通常由大叶片、粗壮疏松的枝干及松散的树形组成。粗质型植物给人粗壮、刚强、有力、豪放之感，由于具有扩张的动势，常使空间产生拥挤的视错觉，因此不宜用在狭小的空间，可用作较大空间中的主景树。如鸡蛋花、七叶树、木棉、火炬树、凤尾兰、广玉兰、核桃、臭椿、二乔玉兰等。

5.3 种植设计形式与植物配置原则

5.3.1 种植设计形式

5.3.1.1 规则式种植

在西方规则式园林中，植物常被用来组成或渲染加强规整图案。例如古罗马时期盛行的灌木修剪艺术就使规则式的种植设计成为建筑设计的一部分。在规则式种植设计中，乔木成行成列地排列，有时还刻意修剪成各种几何形体，甚至动物或人的形象；灌木等距直线种植，或修剪成绿篱饰边、或修剪成规则的图案作为大面积平坦地的构图要素图。例如，在法国著名园林设计师勒·诺特（Andre Le Notre，1615—1700）1661 年设计的韦宫第宫园中就大量使用了排列整齐、经过修剪的常绿树图。如毯的草坪以及黄杨等慢生灌木修剪而成的复杂、精美的图案。这种规则式的种植形式，正如勒·诺特自己所说的那样，是"强迫自然接受匀称的法则"。

随着社会、经济和技术的发展，这种刻意追求形体统一、错综复杂的图案装饰效果的规则式种植方式已显得陈旧和落后了，尤其是需要花费大量劳力和资金养护的整形修剪种植更不值得提倡。但是，在园林设计中，规则式种植作为一种设计形式仍是不可缺少的，只是需赋予新的含义，避免过多的整形修剪。例如，在许多人工化的、规整的城市空间中规则式种植就十分合宜。而稍加修剪的规整图案对提高城市街景质量、丰富城市景观也不无裨益。

5.3.1.2 英国风景园中的自然式栽植

18 世纪英国形成了与法、意规则式园林风格迥异的自然式风景园。园中的种植很简单，通常只用有限的几种树木组成疏林或林带，草坪和落叶

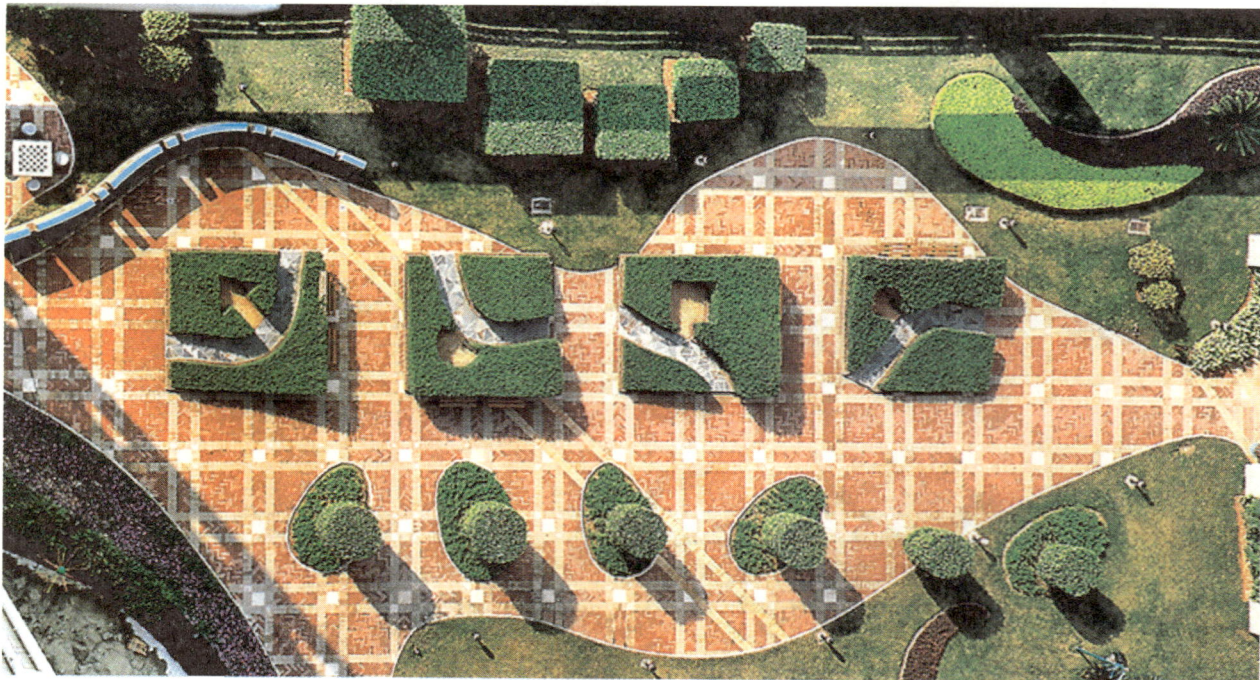

自然式种植植物

抽象图案式种植

乔木是园中的主体，有时也偶尔采用雪松和橡树带常绿树。例如，在布朗设计的园中，树群常常仅一二种树种（如桦木、栎类或松树等）组成。18世纪末到19世纪初，英国的许多植物园从其他国家尤其是北美引进了大量的外来植物，这为种植设计提供了极丰富的素材。以落叶树占主导的园景也因为冷杉、松树和云杉等常绿树种的栽种而改变了以往冬季单调萧条的景象。尽管如此，这种形式的种植仅靠起伏的地形、空阔的水面和溪流还是难以逃脱单调和乏味的局面。美国早期的公园建设深受这种设计形式的影响。南·弗尔拉塞（Nan Fairbrother）将这种种植形式称为公园一庭园式的种植，并认为真正的自然植被应该层次丰富，若仅仅将植被划分为乔灌木和地被或像英国风景园中采用草坪和树木两层的种植都不是真正的自然式种植。

5.3.1.3 自然式种植

19世纪后期生态学的兴起为种植设计奠定了科学的基础。人们从自然中发掘植物构成类型，将一些植物种类科学地组成一个群体。这与将植物作为装饰或雕塑手段为主的规则式种植方法有很大的差别。例如，19世纪英国的威廉·罗宾逊（William Robinson）、戈特路德·吉基尔（Gertrude Jekyll）和雷基纳德·法雷（Reginald Farrer）等以自然群落结构和视觉效果为依据，对野生林地园、草本花境和高山植物园进行了尝试性的种植设计，这对自然式种植方式有一定的影响和推动。在19世纪后期美国的詹士·詹森（Jens-Jenson）提出了以自然的生态学方法来代替以往单纯从视觉出发的设计方法。他1886年就开始在自己的设计中运用乡土植物，1904年之后的一些作品就明显地具有中西部草原自然风景的模式。19世纪德国的浮土特·鲍克勒（Fuerst Pueckler）也按自然群落的结构，采用不同年龄的树种设计了一批著名的公园。

自然式种植注重植物本身的特性和特点，植物间或植物与环境间生态和视觉上关系的和谐，体现了生态设计的基本思想。生态设计是一种取代有限制的、人工的、不经济的传统设计的新途径，其目的就是要创造更自然的景观，提倡用种群多样、结构复杂和竞争自由的植被类型。例如，20

意式规则园林

世纪 60 年代末，日本横滨国立大学的宫胁昭教授提出的用生态学原理进行种植设计的方法就是将所选择的乡土树种幼苗按自然群落结构密植于近似天然森林土壤的种植带上，利用种群间的自然竞争，保留优势种。二三年内可郁闭，10 年后便可成林，这种种植方式管理粗放，形成的植物群落具有一定的稳定性。

5.3.1.4　抽象图案式种植

与前述几种种植设计方式均不相同的是巴西著名设计师罗勃托·布勒·马尔克思（Roberto Burle Marx）早期所提出的抽象图案式种植方法。由于巴西气候炎热、植物自然资源十分丰富，种类繁多，马尔克思从中选出了许多种类作为设计素材组织到抽象的平面图案之中，形成了不同的种植风格。从他的作品中就可看出马尔克思深受克利和蒙特里安的立体主义绘画的影响。种植设计从绘画中寻找新的构思也反映出艺术和建筑对园林设计有着深远的影响。

在马尔克思之后的一些现代主义园林设计师们也重视艺术思潮对园林设计的渗透。例如，美国著名园林设计师彼特·沃克（Peter Walker）和玛莎·舒沃兹（Martha Schwartz）的设计作品中就分别带有极少主义抽象艺术和通俗的波普艺术的色彩。这些设计师更注重园林设计的造型和视觉效果，设计往往简洁、偏重构图，将植物作为一种绿色的雕塑材料组织到整体构图之中，有时还单纯从构图角度出发，用植物材料创造一种临时性的景观。甚至有的设计还将风格迥异、自相矛盾的种植形式用来烘托和诠释现代主义设计。

5.3.2　园林植物配置

进行植物配置设计时，首先应熟悉植物的大小、形状、色彩、质感和季相变化等内容。植物配置设计中不仅要注意每个种类植物的个性，也要关注它们在比例、形式、颜色和纹理等方面的共性，尽量保证园林景观四季有景。植物配置一定要适地适树，同时要为植物留出充足的生长空间。

5.3.2.1　比例和尺度

植物的比例、外形、高度以及冠幅对于园林景观的氛围影响巨大。选择恰当大小的植物至关重要，如果植物过大，空间会过于幽闭，而如果植物太小，空间就会缺乏围合和保护。植物应该与邻近的建筑、园林以及人体在尺

某住宅小区休闲景观树景

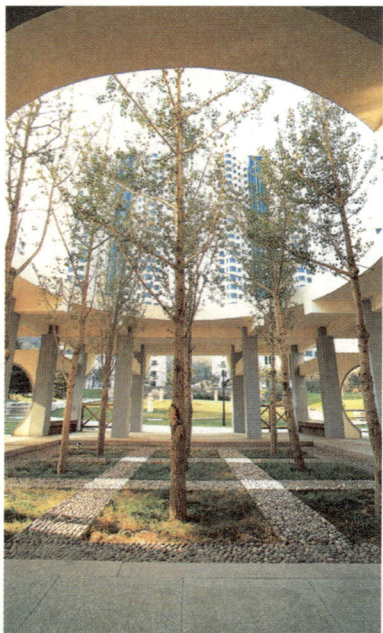

某公园内园景

自然园林景观

度上相协调。

　　为了取得和谐统一的效果，不同群组的植物应该在比例和数量上相互协调。尽量用不同大小和形状的植物形成平衡的节奏。例如，如果园林的一侧种植一棵大型灌木，应采取相应措施在另一侧进行平衡。最简单的做法就是在对面位置种植一棵相同的植物，但是如果使用小灌木，单株可能不足以平衡大灌木产生的"视觉重量"，可能需要种植3棵或5棵。之所以说3棵、5棵，因为奇数配置可以形成较自然的效果，而偶数往往显得更规则。

　　植物配置中要注重群组效果，而不能仅仅局限于单株形态。一株鸢尾无法与一棵圆形的大灌木取得平衡，但大片鸢尾的体量可与之相当。

　　在设计植物景观时，要确保园林不同区域的植物通过一定程度的重复而相互呼应。种植相同植物是避免场地中植物种类过多的好方法，而且这样种植比看上去很凌乱的"散点布置"更能形成强烈的视觉效果。

5.3.2.2　植物形态

　　植物配置应综合考虑植物材料间的形态和生长习性，既要满足植物的生长需要，又要保证能创造出较好的视觉效果，与设计主题和环境相一致。一

某自然湖景观

某工厂区内改造景观改造

某公园园林景观

般来说，庄严、宁静的环境的配置宜简洁、规整；自由活泼的环境的配置应富于变化；有个性的环境的配置应以烘托为主，忌喧宾夺主；平淡的环境宜用色彩、形状对比较强烈的配置；空阔环境的配置应集中，忌散漫。

1. 种植层次

种植设计，无论是水平方向还是垂直方向，应尽量按照一定层次来配置植物。植床宽度应该能容纳一排以上的植物，从而使植物能够有前后的层次效果。所谓层次效果是指有些植物被前面的植物部分遮挡后形成的景深感。

在空间有限、植床狭窄的情况下，可以在垂直方向的层次上做文章，即模仿自然界中植物群落生存的情形。例如，在林地中，植物群落自然形成几"层"，大乔木在上层，小乔木和灌木在中层，草本植物和球根植物在最下层。按照这种方式种植，可以在同一个地块形成几种景观效果，且整体效果好。例如，春季和秋季开花的球根植物可以种植在草本植物中间，上层的灌木和乔木在这两个季节亦有景可观。

城市公园景观绿化

2. 纹理

选择植物首先要考虑颜色和形状，然后就是叶片纹理。与布料等织物一样，植物叶片也有不同的粗糙度和光洁度。叶面的类型很多，从粗糙到细密，像软毛、天鹅绒、羊皮、砂纸、皮革和塑料等。为了最有效地展示植物的纹理，可以将纹理相差悬殊的植物对比配置。有些植物本身上部和下部的叶片就有显著差异。

3. 光线质量

植物的纹理会影响其吸收和反射光线的效果。有些植物叶片有光泽且反光，而有些植物叶片则粗糙且吸光。叶片光亮的植物可以使一个黑暗的角落赫然生辉，而叶面粗糙的植物可以作为很好的背景来衬托颜色艳丽的植物或者装饰性的元素。

某古宅门前花簇与古树

园林设计中可以尝试使用不同的纹理，光滑的、粗糙的、金属质感的、皮毛质感的等。一般来说，应是以一种质感为主，并在园林的不同区域重复出现，以增加不同地块间的联系。

5.3.2.3　颜色

虽然硬质景观元素（如墙体和铺地）也是整个园林色彩构成的一部分，但是植物与园林色彩的联系可能更为密切。在种植设计方面，你所喜欢的颜色搭配未必能适合现有的硬质景观颜色。更明智的做法往往是首先考虑背景，然后再选择相应的补色或者对比色。

植物的颜色可以突出整个园林的重点。例如，植物的颜色搭配可以影响空间的透视感。冷色（如淡蓝色、淡褐色、白色和灰色）植物如果布置在稍远的位置，将会有延伸空间深度的效果；而暖色（如大红色、亮黄色）植物由于更容易引人注目，所以有一种距离观者更近的感觉。从这方面考虑，应避免在面对重要景点的道路旁使用强烈的颜色，因为这样会与整体景观发生冲突，分散对主景的注意力。相反，可以通过强烈的颜色吸引视线，使需要遮挡的东西从场景中弱化。

虽然花朵的颜色为大多数人多关注，但是在进行种植设计时，应该对保留时间更长久的叶片、树皮和枝干的颜色予以重视。

某城市广场景观

某城市街道花簇景观

某城郊景观规划方案效果图

叶片的颜色很多，仅就绿色系而言就有黄绿色、灰绿色和蓝绿色等，此外，还有紫色系、红色系和黄色系等。有些植物的新生叶片呈现嫩绿色、黄色甚至是粉色，成熟时颜色就会变深变暗。植物颜色的季节变化也能形成令人惊叹的美景。特别是喜酸性土壤的植物，秋季时叶片的颜色会从橙黄色变成红色，再变成深紫色。在秋日的阳光下，这种丰富的跳动颜色可以使整个园林异常的缤纷绚丽。有些植物，尤其是落叶乔木和灌木，其树皮和枝干的色彩在冬季有很好的观赏价值。

光线影响人们对颜色的感知，所以画家们喜欢在光线变化相对较小的朝北房间作画。当光线强度增加时，所有的颜色都显得很淡，但是很强的色调（如亮红色和橘黄色）比淡的颜色有更多的光泽。典型热带地区中，在阳光的强烈照射下，淡的颜色几乎被完全"漂白"了。在温带地区，天空中略带蓝色的光线下，颜色的区分更明显，淡色倾向于变浓，而浓的颜色看上去更加浓丽。当傍晚来临太阳变红时，亮色先是变得更加浓重，然后逐渐变深呈紫色直至黑色。更淡的颜色，尤其是白色，将会在其他颜色变弱后还持续发亮。可以利用这种现象配置阴暗处的植物。

5.3.2.4 基地条件

虽然有很多植物种类都适合于基地所在地区的气候条件，但是由于生长习性的差异，植物对光线、温度、水分和土壤等环境因子的要求不同，抵抗劣境的能力不同，因此，应针对基地特定的土壤，小气候条件安排相适应的种类，做到适地适树。

（1）对不同的立地光照条件应分别选择喜荫、半耐阴、喜阳等植物种类。喜阳植物宜种植在阳光充足的地方，如果是群体种植，应将喜阳的植物安排在上层，耐阴的植物宜种植在林内、林缘或树荫下、墙的北面。

（2）多风的地区应选择深根性、生长快速的植物种类，并且在栽植后应立即加桩拉绳固定，风大的地方还可设立临时挡风墙。

（3）在地形有利的地方或四周有遮挡并且小气候温和的地方可以种些稍

自然山林植物景观

某高尔夫球场

某自然湿地景观

不耐寒的种类，否则应选用在该地区最寒冷的气温条件下也能正常生长的植物种类。

（4）受空气污染的基地还应注意根据不同类型的污染，选用相应的抗污种类。大多数针叶树和常绿树不抗污染，而落叶阔叶树的抗污染能力较强，像臭椿、国槐、银杏等就属于抗污染能力较强的树种。

（5）对不同 pH 值的土壤应选用的植物种类。大多数针叶树喜欢偏酸性的土壤（pH 值为 3.7 ~ 5.5），大多数阔叶树较适应微酸性土壤（pH 值为 5.5 ~ 6.9），大多数灌木能适应 pH 值为 6.0 ~ 7.5 的土壤，只有很少一部分植物耐盐碱，如乌桕、苦楝、泡桐、紫薇、白蜡、刺槐、柳树等。当土壤其他条件合适时，植物可以适应更广范围 pH 值的土壤，例如桦木最佳的土壤 pH 值为 5.0 ~ 6.7，但在排水较好的微碱性土壤中也能正常生长。大多数植物喜欢较肥沃的土壤，但是有些植物也能在瘠薄的土壤中生长，如黑松、白榆、女贞、小蜡、水杉、柳树、枫香、黄连木、紫穗槐、刺槐等。

（6）低凹的湿地、水岸旁应选种一些耐水湿的植物，例如水杉、池杉、落羽杉、垂柳、枫杨、木槿等。

5.3.2.5 种植间距

作种植平面图时，图中植物材料的尺寸应按现有苗木的大小画在平面图上，这样，种植后的效果与图面设计的效果就不会相差太大。无论是视觉上还是经济上，种植间距都很重要。稳定的植物景观中的植株间距与植物的最大生长尺寸或成年尺寸有关。在园林设计中，从造景与视觉效果上看，乔灌木应尽快形成种植效果、地被物应尽快覆盖裸露的地面，以缩短园林景观形

自然溪水景观

成的周期。因此，如果经济上允许的话，一开始可以将植物种得密些，过几年后逐渐间去一部分。例如，在树木种植平面图中，可用虚线表示若干年后需要移去的树木，也可以根据若干年后的长势、种植形成的立地景观效果加以调整，移去一部分树木，使剩下的树木有充足的地上和地下生长空间。解决设计效果和栽种效果之间的差别过大的另一个方法是合理地搭配和选择树种。种植设计中可以考虑增加速生种类的比例，然后用中生或慢生的种类接上，逐渐过渡到相对稳定的植物景观。

某景观设计植物分布图

树木密林景观墙

5.4 植物种植风格

凡是一种文化艺术的创作，都有一个风格的问题。园林植物的景观艺术，无论它是自然生长或人工的创造（经过设计的栽植），都表现出一定的风格。而植物本身是活的有机体，故其风格的表现形式与形成的因素就更为复杂一些。一团花丛，一株孤树，一片树林，一组群落，都可从其干、叶、花、果的形态，反映于其姿态、疏密、色彩、质感等等方面，而表现出一定的风格。如果再加上人们赋予的文化内涵、诗情画意、社会历史传说等因素，就更需要在进行植物栽植时加以细致而又深入的规划设计，才能获得理想的艺术效果，从而表现出植物景观的艺术风格来。下面简要介绍几类植物风格。

5.4.1　以植物的生态习性为基础，创造地方风格为前提

植物既有乔木、灌木、草本、藤本等大类的生态特征，更有耐水湿与耐干旱、喜阴喜阳、耐碱与怕碱，以及其他抗性（如抗风、抗有害气体等）和酸碱度的差异等生态特性。如果不符合植物的这些生态特性，就不能生长或生长不好，也就更谈不上什么风格了。

如垂柳好水湿，适应性强，有下垂而柔软的枝条、嫩绿的叶色、修长的叶形，栽植于水边，就可形成"杨柳依依，柔条拂水，弄绿棒黄，小鸟依人"般的风韵。油松为常绿大乔木，树皮黑褐色，鳞片剥落，斑然入画，叶呈针状，深绿色；生于平原者，修直挺立；生于高山者，虬曲多姿。孤立的油松则更见分枝成层，树冠平展，形成一种气势磅礴、不畏风寒、古拙而坚挺的风格。

如果再加"拟人化"，将松、竹、梅称为"岁寒三友"，体现其不畏风寒、高超、坚挺的风格；或者以"兰令人幽、菊令人雅、莲令人淡、牡丹令人艳、竹令人雅、桐令人清……"来体现不同植物的形态与生态特征，就能产生"拟人化"的植物景观风格，从而也能获得具有民族精华的园林植物景观的艺术效果。

由于植物同有的生态习性不同，其景观风格的形成也不同。除了这个基础条件之外，就一个地区或一个城市的整体来说，还有一个前提，就是要考虑不同城市植物景观的地方风格。有时，不同地区惯用的植物种类有差异，

创造植物生态习性风格景观

杭州街旁古建筑门前古树

某住宅休闲竹林小径

某度假区景观荷花池

也就形成不同的植物景观风格。

植物生长有明显的自然地理差异，由于气候的不同，南方树种与北方树种的形态如干、叶、花、果也不同，即使是同一树种，如扶桑，在南方的海南岛、湛江、广州带，可以长成大树，而在北方则只能以"温室栽培"的形式出现。即使是在同一地区的同一树种，由于海拔高度的不同，植物生长的形态与景观也有明显的差异。然而，就整体的植物气候分区来说，是难以改变的，有的也不必去改变，这样才能保持丰富多彩、各具特色的植物景观风格。

我国北方的针叶树较多，常绿阔叶树较少。如在东北地区自然形成漫山遍野的各种郁郁葱葱、雄伟挺拔的针叶林景观，这种景观在南方很少见；而南方那幽篁蔽日、万玉森森的高人毛竹林，或疏林萧萧、露凝清影的小竹林，在北方则难以见到。

除了自然因素以外，地区群众的习俗与喜闻乐见，在创造地方风格时，也是不可忽略的，如江南农村（尤其是浙北一带）家家户户的宅旁都有一丛丛的竹林，形成一种自然朴实而优雅宁静的地方风格。在北方黄河流域以南的河南洛阳、兰考等市、县，则可看到成片、成群的高大泡桐，或环绕于村落，或列植于道旁，或独立于园林的空间，每当紫白色花盛开的4月，就显示出一种硕大、朴实而稍带粗犷的乡野情趣。

北方沈阳的小南街，在20世纪50～60年代，几乎家家户户都种有葡萄。每当初秋，架上的串串葡萄，清香欲滴，形成这一带市民特有的庭院风格，与西北地区新疆伊宁的家居葡萄庭院遥相呼应，这都是受群众喜闻乐见而形成的庭院植物景观风格。

所以说，植物景观的地方风格，是受地区自然气候、土壤及其环境生态条件的制约，也受地区群众喜闻乐见的风俗影响，离开了它们，就谈不到地方风格。因此，这些就成了创造不同地区植物景观风格的前提。

日式风格院落景观

5.4.2 以文学艺术为蓝本，创造诗情画意等风格

　　园林是一门综合性学科，但从其表现形式发挥园林立意的传统风格及特色来看，又是一门艺术学科。它涉及建筑艺术、诗词小说、绘画音乐、雕塑工艺等诸多的文化艺术。尤其是中国传统园林发展至唐宋以来形成的文人园林中，这些文学艺术气息与思想就更为直接或间接地被引用或渗透到园林中来，甚至成为园林的一种主导思想，从而使园林成为文人们的一种诗画实体。这种理解虽与今日的园林涵义有所不同，但如果仅从一些古典的文人园林的文化游憩内涵来看是可以的。而在诸多的艺术门类中，文学艺术的"诗情画意"对于园林植物景观的欣赏与创造和风格的形成，则尤为明显。

　　植物形态上的外在姿色、生态上的科学生理性质，以及其神态上所呈现的内在意蕴，都能以诗情画意做出最充分、最优美的描绘与诠释，从而使游园的人获得更高、更深的园林享受；反过来，植物景观的创造如能以诗情画意为蓝本，就能使植物本身在其形态、生态及神态的特征上，得到更充分的发挥，也才能使游园者感受到更高、更深的精神美。所以说，"以诗情画意写入园林"，是中国园林的一个特色，也是中国园林的一种优秀传统；它既是中国现代园林继承和发扬的一个重要方面，也是中国园林植物景观风格形成中的一个主要因素。

5.4.3 以设计者的学识、修养和品位，创造具有特色的多种风格

　　园林的植物风格，还取决于设计者的学识与文化艺术的修养。即使是在同样的生态条件与要求中，出于设计者对园林性质理解的角度和深度有差

某校园内景观休闲区

别，所表现的风格也会不同。而同一设计者也会因园林的性质、位置、面积、环境等状况不同而产生不同的风格。

在同一个园林中，一般应有统一的植物风格，或朴实自然，或规则整齐，或富丽妖娆，或淡雅高超，避免杂乱无章，而且风格统一，更易于表现主题思想。

而在大型园林中，除突出主题的植物风格外，也可以在不同的景区栽植不同特色的植物，采用特有的配置手法，体现不同的风格。如观赏性的植物公园，通常就是如此。由于种类不同，个性各异，集中栽植，必然形成各具特色的风格。

大型公园中，常常有不同的园中园，根据其性质、功能、地形、环境等。栽植不同的植物，体现不同的风格尤其是在现代公园中，植物所占的面积大。提倡"以植物造景"为主。就更应多考虑不同的园中园有不同的植物景观风格。植物风格的形成，除了植物本身这一主要题材之外，在许多情况下，还需要与其他因素作为配景或装饰才能更完善地体现出来。如高大雄浑的乔木树群，宜以质朴、厚重的黄石相配，可起到锦上添花的作用；玲珑剔透的湖石，则可配在常绿小乔木或灌木之旁，以加强细腻、轻巧的植物景观风格。

从整体来看，如在创造一些纪念性的园林植物风格时，就要求体现所纪念的人物、事件的事实与精神，对主角人物的爱好、品味、人格及主题的性质，发生过程等等，作深入的探讨，配置与之外貌相当的植物。如果只注意一般植物生态和形态的外在美，而忽略其神韵的一面，就会显得平平淡淡，没有特色，

当然，也并不是要求每一块的植物配置都有那么多深刻的内涵与丰富的文化色彩，但既谈到风格，就应有一个整体的效果。尽量避免些小处的不伦不类，没有章法，甚至成为整体的"败笔"。

某公园中式景观

某公园景观俯视图

纪念园林景观

某大型园林景观

故植物配置并不只是要"好看"就行，而是要求设计者除了懂得植物本身的形态、生态之外，还应该对植物所表现出的神态及文化艺术、哲理意蕴等，有相应的学识与修养。这样才能更完美地创造出理想的园林植物景观风格。

园林植物景观的风格，依附于总体园林风格。一方面要继承优秀的中国传统风格；另一方面也要借鉴外国的、适用于中国的园林风格。现代的城市建设，尤其是居住区建设中，常常出现一些"欧陆式"、"美洲式"、"日本式"的建筑风格，这使中国园林的风格也多样化了。但从植物景观的风格来看，如果在全国不分地区大搞草皮，广栽修剪植物，就不符合中国南北气候差别，城市生态不同，地域民俗各异的特点了。

在私人园林中选择什么样的树种，体现什么样的风格，多由园林主人的爱好而定，如陶渊明爱菊，周敦颐爱莲，林和靖爱梅，郑板桥喜竹，则其园林或院落的植物风格，必然表现出菊的傲霜挺立、莲的浩白清香、梅的不畏风寒以及竹的清韵萧萧、刚柔相济的风格。从植物的群体来看，大唐时代的长安城，栽植牡丹之风极盛，家家户户普遍栽植，似乎要以牡丹的花大而艳，极具荣华富贵之态，来体现大唐盛世的园林风格一样。

某大型园林自然景观

某休闲度假中心休息区

某住宅小区景观休闲区

以上诸例，或从整体上，或从个别景点上，以不同的植物种类和配置方式，都能表现私人园林丰富多彩的园林植物风格。

5.4.4 以师法自然为原则，弘扬中国园林自然观的理念

中国园林的基本体系是大自然，园林的建造足以师法自然为原则，其中的植物景观风格，也就当然如此。尽管不少传统园林中的人工建筑比重较大，但其设计手法自由灵活，组合方式自然随意，而山石、水体及植物乃至地形处理，都是顺其自然，避免较多的人工痕迹。中国人爱好自然，欣赏自然，并善于把大自然引入到我们的园林和生活环境中来。

某商务住宅小区外景

某园林景观内景

某大型园林门前景观

第6章　园林景观设计方案手绘表达技巧

　　景观设计表现技法的种类较多，分类方法不尽相同。其实不管如何分类，其目的是为了便于掌握，通过进行各种技法的练习，熟悉在不同情况下采用不同的技法进行表达，最后的结果应是不管你采用何种技法或综合运用各种技法，只要能表达设计意图，符合设计要求即可。下面是一些常用的景观方案表达技巧。

6.1　画面构图技巧——视点

　　要画好景观设计效果图除了要掌握基本的透视规律外，还要了解基本的构图法则与视点的选择，具备扎实的手绘表现技巧。

　　合理的视点是表现画面最精华的部分、最主要的空间角落、最理想的空间效果、最丰富的空间层次的关键。确定了视点也就确定了构图，好的构图通过活跃有序的画面构成突出所要表达的主题。在具体方案设计过程中，进行空间表现时，对于视点和角度的确定应注意以下几点：

　　（1）在表现整体空间中，最需要表现的部分放在画面中心。

（2）对于较小的空间要有意识的夸张，比时间空间相对夸大，并且要把周围的场景尽量绘制得全面。

（3）尽可能选择层次较为丰富的角度，透视图中的前景、建筑物、背景三部分，要用不同明度对比区分，才可使前后景有深度感，突出画面主体。

（4）在确定方案时，可徒手画一些不同视点的透视草图，择优选择。

（5）画面应有虚实感，突出主要部分，强调主要部分的色彩、线条。

（6）有透视感的配景：人、物、树木、汽车等，可以使画面不呆板，活泼生动，有深度感，不同的画面搭配不同的配景，突出画面的氛围。

6.2 画面表现的基本规律

画面表现的技巧可以总结为：主观想法＋切实有效的方法＝生动感人的手绘表现图。应该遵循的原则有：

（1）对比中求和谐，调和中求对比，展现均衡的对比美。

1）形状的对比——对称形与非对称形，简单形与复杂形、几何形体（圆与方）的对比。

2）虚实对比——突出重点，大胆省略次要部分。

3）明暗对比——表现对象自身的明暗对比，区域性对比（黑衬白、白衬黑），突出表现重点，拉大空间层次。

（2）统一中的渐变、和谐美，展现空间的渐增和渐减的进深韵律，产生特殊的视觉效果。

1）从大到小的渐变——基本形由大到小的渐变和空间逐渐递增的变化。当基本形在一种有秩序的情况下逐渐变小，就会使人感到空间渐渐远离，能使画面有强烈的深远感和节奏感，起到良好的导向作用。

2）明与暗的渐变——画面的明暗由强向弱逐渐转变是一种虚实关系的转换，易于表现画面的主次和空间的深度。

6.3　水粉景观表现技巧

　　水粉颜料色泽鲜明、浑厚、不透明，表现力强，有一定的覆盖力，便于修改，宜深入刻画。水粉颜料的调配方便自由。色彩丰富，画面显得比较厚重。其对纸张要求不是特别严格，水彩纸、绘图纸、色纸等都能使用。绘制时一般按从远到近的顺序，许多色彩可以一次画到位，不用考虑留出亮色的位置，也不用层层罩色，对画面不满意还可以反复涂改。

　　水粉表现时应注意底色宜薄不宜厚，颜色中不宜加入过多白色，否则画面会显得过于灰暗。作图时常以湿画法来表现玻璃、天空等。即在第一遍水粉未干时画第二层或第三层。这样有利于质感的表现，而墙面、地面及配景则适宜使用干画法，即在已干的水粉上继续绘制。除此之外还要注意颜色的干、湿、厚、薄搭配使用，有利于画面层次的表现和虚实效果的表现。

6.4 水彩景观表现技巧

　　水彩表现是一种传统的、经久不衰的表现形式，其色彩透明且淡雅细腻，色调明快。画面清新工整，真实感强。作画时，色彩应由浅入深，并且要留出亮部与高光，绘制时还要注意笔端含水量的控制。运笔可用点、按、提、扫等多种手法，让画面效果富于节奏与层次感。水彩技法的纸张一般选择水彩纸，颜料选用水彩颜料，工具采用普通毛笔或平头、圆头毛笔均可。

　　水彩表现应使用铅笔或不易脱色的墨线勾画。线条一定要肯定、准确。根据明暗变化，远近关系渲染虚实效果，由浅至深，多次渲染，直至画面层次丰富有立体感。作画时不能急于求成，必须要等前一边颜色干透后再继续上色，这样才能避免不必要的修改，冷色彩均匀，画面明快清晰。另外叠加的层次不宜过多。

6.5 彩色铅笔

  彩铅效果图表现所追求的画面效果是浪漫清新、活泼而富于动感，是一种形式感较强的着色表达方式。彩铅进行表现的主要目的是利用它的特性来创造丰富的色彩变化，可以适当地在大面积的单色里调配其他色彩，加入的颜色往往与主要颜色有对比关系。比如，描绘绿色的树冠，不能只用深绿、浅绿、墨绿等绿色系列，而要适量加入一些黄色或橙色，能够使画面的色彩层次丰富，艳丽生动，还能体现轻松、浪漫的气氛和效果。

  彩铅铅芯的着纸性能不如铅笔强，为了充分体现彩铅的色彩，拉开它们之间的明度（深浅）差别，在使用时必须适当加大用笔力度。彩铅的笔触是体现彩铅效果表现的另一个重要因素，并且注重一定的规律性。例如，使笔触向统一的方向倾斜，是一种效果非常突出的手法，很利于体现良好的画面效果。

  对于画面整体色彩的对比与协调的艺术处理以及局部色彩的过渡与渐变，可以采用不同彩色线条的交叉排列、叠加组合，甚至还可发挥水溶性彩铅颜色溶水的特点，获取画面色彩的艳丽、丰富、笔触生动而富于刚柔变化的艺术效果。

6.6 马克笔

近些年来随着设计市场的快速发展，马克笔画以其色泽剔透、着色简便、成图迅速、笔触清晰、风格豪放、表现力强等特点，越来越受到设计师们所重视，成为方案草图和快速表现设计效果的主要手段。马克笔分为水性与油性两种，主要是通过线条的循环叠加来取得丰富的色彩变化。马克笔不像其他的表现工具，颜色调和比较难，而且不易修改，笔触之间只能进行叠加覆盖而不能达到真正的融合，很难产生丰富、微妙的色彩变化，所以画之前一定要做到心中有数。马克笔表现的方法要遵循由浅入深的规律，强调先后次序来进行分层处理。在着色初期，通常使用较浅的中性色做铺垫，就是底色处理；而后逐步添加其他色彩，使画面丰满起来；最后较重的颜色进行边角处理，拉开明度对比关系，就是深色叠加浅色，否则浅色会稀释掉深色而使画面变脏。本色叠加，略可加深色彩的明度和纯度，却改变不了色相，类似

色叠加，既可获得明度，纯度的明显变化也能增加色相的过度与渐变。对比色叠加色相变化十分明显，运用时需谨慎，特别是补色叠加，更容易发黑变灰。

马克笔表现效果强调用笔快速明确，追求一定的力度，一笔就是一笔。而最直接体现马克笔表现效果的是笔触，讲求一定的章法，常用的是排列形式。线条的简单平行排列，是笔触的整合形态，目的是为画面建立秩序感。马克笔的笔触可以随造型或透视关系进行排列，但在实际操作中，横向与竖向的笔触排列是最常用的，尤其是竖向笔触，比较适合体现画面视觉秩序。马克笔不适合做大面积涂染，需要概括性的表达过渡，主要依靠笔触的排列来表现，利用折线的笔触形式，逐渐拉开间距，降低密度，区分出几个大块色阶关系。

6.7 透明水色

透明水色（以下简称水色）也称为照相色，是一种纯水性的浓缩颜料，使用时要大量加水稀释，与水彩的要求是一样的，甚至用水量要超过水彩。水色的色彩种类不多，调和能力较弱，同时调和色在调色盘中的效果与画纸面上的效果有出入，风干后甚至会完全变成另一种色彩。水色表现的色彩应该是简明、单纯、概括的，不要进行过度的色彩调和。水色不能像水彩那样色彩能够自然地扩散并融合，但是可以通过手工涂抹来进行虚化处理，使附加颜色扩散，并与底色达到一定程度的融合，形成相对柔和的自然效果。

水色表现需要强调速度，着色时尽量一次到位，没有必要分出明确的层次步骤，因为水色的渗透性非常强，短短几秒钟的时间，刚刚画上的颜色已经无法做虚化处理了。水色所表现出来的画面效果是柔中带刚，实中有虚，层次关系清晰透彻，干脆明了。

水色是透明的，没有覆盖能力，但却有较强的色彩重合能力，同一种颜色在风干后进行叠加就会越来越重。风干后的颜色经常会出现斑驳不均的效果，明明是一种颜色，但是看上去感觉会很"花"。导致这种现象的主要原因：一是水分过大，造成过量淤积；二是颜色在调色盘中没有调和均匀；三是过多种类颜色进行调和。

6.8　综合表现

　　在多元化艺术表现形式的时代，为了充分显示各自的特点，发挥各类技法的优势，更为了景观设计表现理想效果的追求，不少设计师和专业表现画家也都早已打破画种之间的界限，或以一种技法为主再辅以其他技法；或以两种甚至三种、四种技法交替、穿插混合使用，互相掩盖各自的缺陷，发挥各自的优势，已使画面达到最佳的艺术效果。下面简单介绍几种配合方式。

6.8.1　水彩与彩铅搭配是以水彩为主，彩铅为辅的表现形式

　　水彩作为大面积底色铺垫，不需要深入刻画，明度关系表现以及一些细节处理由彩铅完成。水彩柔和清淡，彩铅笔触清晰，这种明显的对比是两者结合的主要效果体现，同时也使它们浪漫自由的共同效果特征得到了融合和升华。在搭配中彩铅所占的比例是很小的，强调点缀性、装饰性的效果。彩铅表现成分虽然少，但相比之下它对画面效果的直接影响力却大于水彩。

6.8.2 水色与马克笔（水性）搭配

水色作为底色铺垫，所占画面比例较大；马克笔负责拉开明度对比和层次关系，同时运用笔触效果优势来对形体进行点缀、修整，为画面增添活跃的气氛和节奏效果，它是画面整体效果体现的主要决定因素。水色表现本身比较艳丽，而马克笔的色彩又是固定的，两者不能相互"争艳"，所以作为辅助配合，马克笔应该多使用灰色系列的色彩，尽量减少甚至不使用艳亮的颜色，由水色来负责体现画面的亮丽效果。

6.8.3 马克笔与彩铅搭配

马克笔与彩铅结合表现可适当增加画面的色彩关系，丰富画面的色彩变化，加强物体的质感，但不宜大面积使用，容易画腻。若以彩铅表现为主，可以在彩铅铺设完了整体的色彩关系之后，再运用马克笔适当加重。若以马克笔表现为主，可以在后期针对色彩不足的情况下用彩铅局部铺设一些色彩，协调画面。马克笔表现图有时会显得过于写意，结合彩色铅笔可以巧妙地衔接不同色彩补充底色，使整个画面变得生动、饱满。

6.8.4 马克笔与水粉、水彩

　　马克笔与水粉、水彩的先后次序，可以根据画面要求而定。一般情况下马克笔常常在水粉、水彩表现接近完成时进行补充，运用得当可以达到事半功倍的效果，比一般画法省时、省力。

　　总之，在一幅完整的效果图中，往往不是单一表现形式的孤立的使用。为了达到丰富逼真的艺术效果，要将不同表现形式结合起来共同使用。充分发挥各表现形式的优点，使画面更完整、更充实、材质更加逼真。

附录 作品赏析